「草紙洗小町」　上村松園画　1937年
東京藝術大学大学美術館蔵　絹本着色

「製紙勤労之図」は石州（島根県）における紙づくりの工程を楮の苗の植えつけから紙の納入・検査・運び出しまで順を追って上下２巻に描いたもので、説明文はないが精細な描写からは紙づくりの勤労にいそしむ人々の姿が生き生きと伝わってくる。写真は上巻の「紙漉き・圧搾・簀編み」の場面。二つ並んだ漉槽（すきぶね）の右ではタモ（ねり）を入れ、竹棒でかきまぜており、左では小桁で紙を漉いている。手前は重しで圧搾して水をしぼっているところ。中央左のざるにはトロロアオイの根が入れられている。

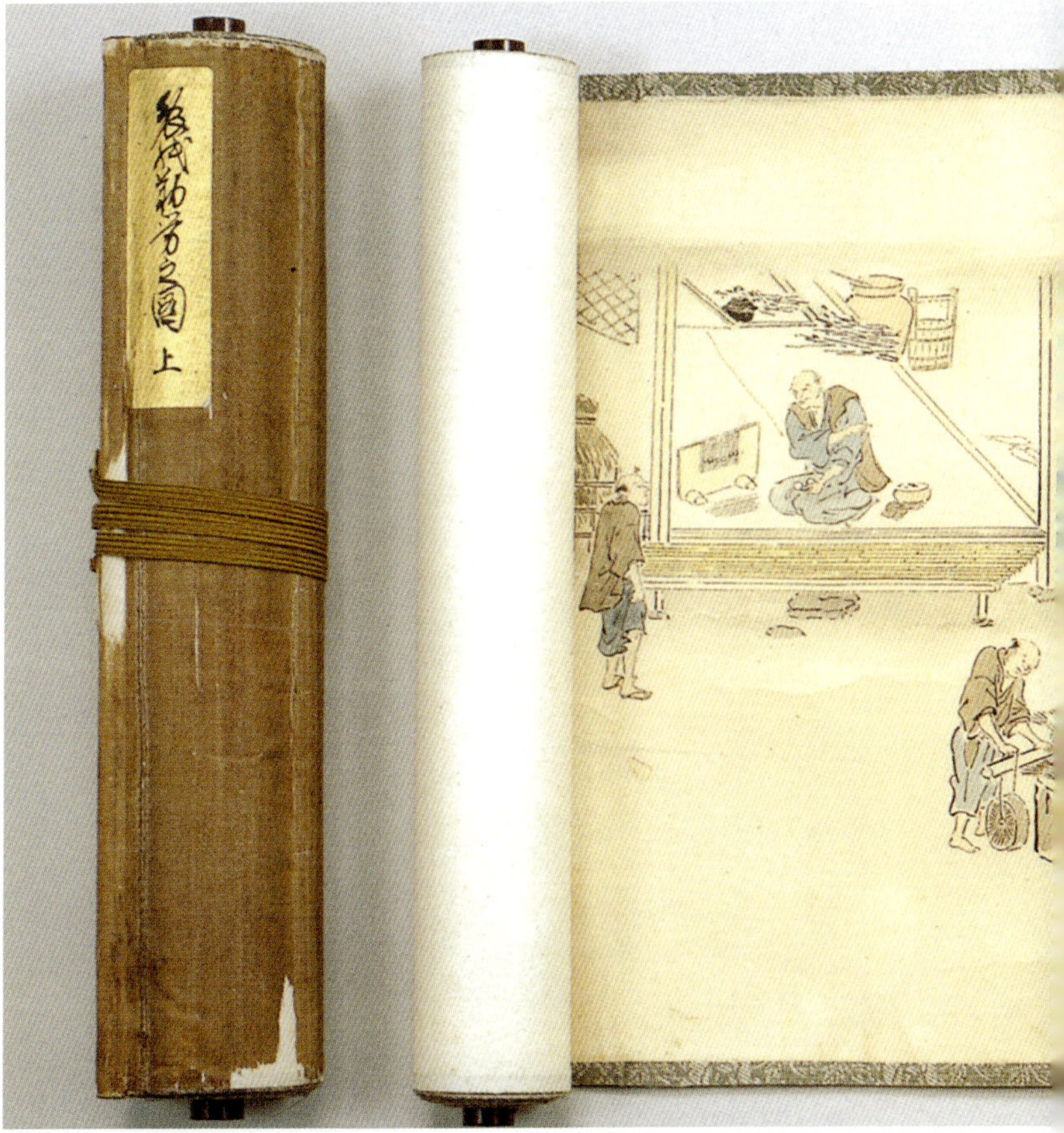

「製紙勤労之図」絵巻
山本琴谷写　文久年間（1861～64）
（財）紙の博物館蔵

放馬灘紙　前漢の文帝・景帝の時代（前180～141年）と推定される古墓から1986年に出土。墨で山や川などが描かれており世界最古の地図のひとつとされた。現在知られている最も早い時期の紙の実物で、原料は大麻。

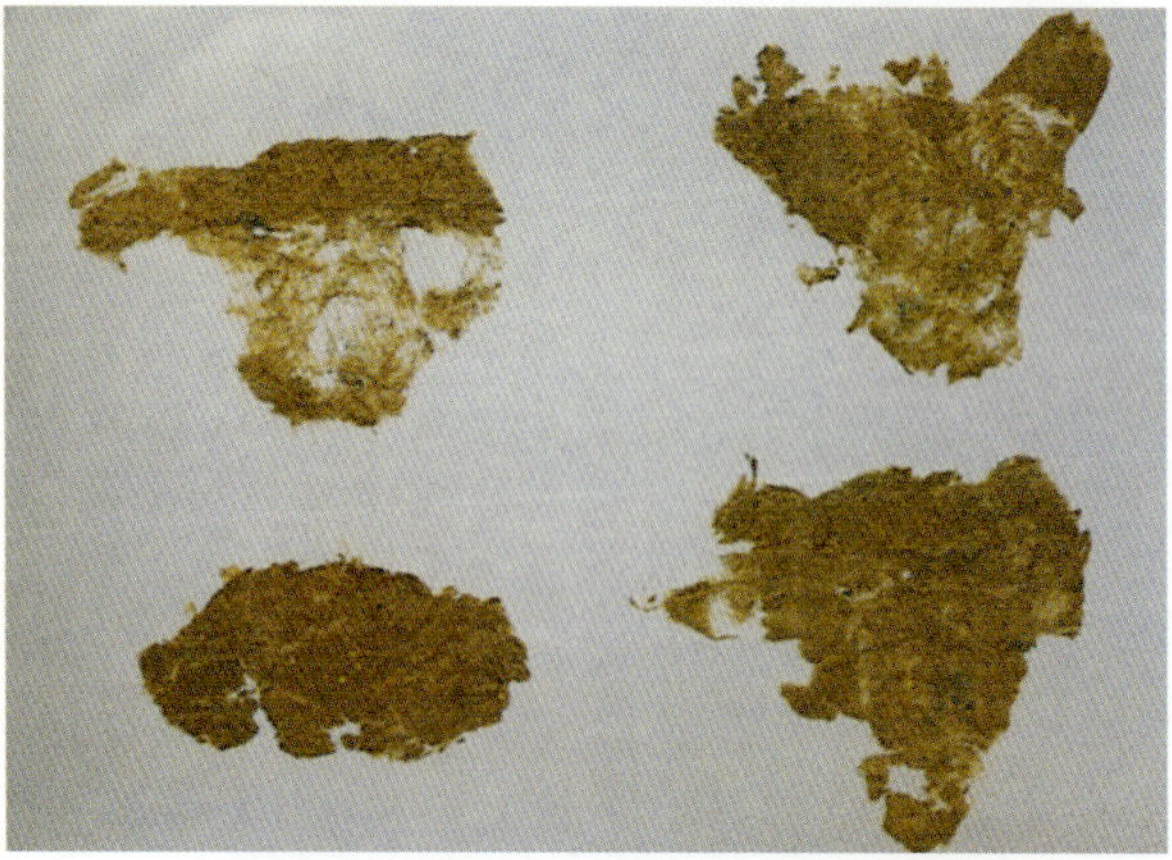

灞橋紙　1957年に陝西省西安市灞橋地区の前漢古墓から出土したもので、武帝の時代、紀元前118年以前につくられたと推定されている。原料は大麻に少量の苧麻（からむし）を含む。現在までのところ、放馬灘紙に次ぐ古紙。

紙はよみがえる

——日本文化と紙のリサイクル

岡田英三郎

雄山閣

史料と関連書籍からの引用文中、旧仮名遣いを新仮名遣いに、旧漢字を新漢字に改め、筆者注として説明を加えたところがあります。広く若い世代にも読んでもらえたらとの思いからですが、そのつど原本を参考資料として掲げました。原本にあたって理解を深めていただければ幸いです。

まえがき

文学者の寿岳文章《じゅがくぶんしょう》氏は和紙に関する造詣も深く、和紙をこよなく愛し、若いときからしづ夫人とともに山深い紙漉《す》き場《ば》を歩かれ、昭和十九年（一九四四）には、夫人との共著『紙漉村《かみすきむら》旅日記』を著されました[1]。また、寿岳氏の和紙に関する代表的な研究書が『日本の紙』です[2]。その『日本の紙』の中で、「還魂紙《かんこんし》」（再生紙・漉き返し紙）について、「字づらから、人あるいは、なきひとの魂をかえすという仏教的な情緒をいだくかも知れないが、……。（略）……一度用いた紙、すなわち故紙を、漉き直して再度用立てるという、ただそれだけの、きわめて現実的な意味である。」と述べられています。

はたしてそうでしょうか。

西暦七二〇年に完成した最初の勅撰歴史書『日本書紀』の推古天皇十八年（六一〇）春三月の条に[3]、「高麗《こま》の王（高句麗《こうくり》の嬰陽《えいよう》王）が、僧曇徴《どんちょう》と法定《ほうじょう》とをたてまつった。曇徴は五経を解し、彩色《しみのものいろ》（絵具）や紙・墨を作ることもでき、また碾磑《みずうす》（水力を利用した臼）を造った。碾磑を造ることは、おそらくこのときに始まったのであろう。」（井上光貞氏監訳[4]）と記されています[5]。

通説では、この記載をもって日本における造紙の起源を伝えるものだとされていますが、記載内容の検討からも、必ずしも製紙を始めたと読めないとの解釈があります。かかる論考はさておき、最近の歴史研究の成果からみて、およそこの記載に対応する約千四百年前の七世紀の初め頃には、仏教が興隆し、また律令国家としての体制が整備されてくるなど、紙に対する需要が増してきており、紙が盛んに作りだされたと考えてよいと思われます[6]。

この紙作りは、いろいろな技術的な改良を加えながらも連綿と今日まで伝えられています。これを今日私たちは〝和紙〟と呼んでいます。しかし、和紙を基盤とした文化はどんどん衰退し、わずかにクラフト芸術の素材を中心に命脈を保っているという危機的な状況にあります。一方、私たちが生活の中でよく見る紙は、〝洋紙〟と呼び、明治期の欧化政策の中で、大量生産を目的に発展してきたものです。

今次の大戦後、一九五五年頃から日本の経済が発展しはじめました。その中で、大量生産・大量消費が謳歌され、モノをどんどん使い捨てることが、経済の発展を促すものとして賛美されてきました。その結果、私たち自身が地球環境の悪化という事象をもたらすに至ったのです。その反省から、私たちは今、3R（Recycle　資源再利用、Reuse　再使用、Reduce　減資源）という行動をとり始めました。

紙の世界も全く同じ状況だといえるでしょう。

私はこの本で、日本の歴史資料に残されている、紙というモノの3Rを通して、日本人がいかに〝紙〟というモノに接してきたかを考えてみたいと思いました。私たちの祖先の生活と、現在の私たちの生活を考え合わせてみることで、日本文化の特質に思いいたればとも考えました。私たちの祖先は、漉き返し紙（再生紙）には、魂《たましい》が宿ると考えていたのかも知れないのです。

しかつめらしい話はさておいて、紙のリサイクルにおける先人たちのエピソードを、一話一話読みすすめていただければ幸いです。

参考資料

（1）寿岳文章・寿岳しづ『紙漉村旅日記』明治書院、一九四四年、その後も改訂版あり

（2）寿岳文章『日本の紙』吉川弘文館、一九六七年

(3) 坂本、家永、井上、大野校注『日本古典文学大系　日本書紀　下』岩波書店、一九六五年

(4) 井上光貞監訳『日本書紀　下』中央公論社、一九八七年

(5) 「高麗王貢二上僧曇徴・法定一。曇徴知二五経一。且能作二彩色及紙墨一、并造二碾磑一。蓋造二碾磑一、始二于是時一歟。」すなわち「高麗《こま》の王《きし》、僧曇徴《ほうしどんちょう》・法定《ほうじょう》を貢上《たてまつ》る。曇徴は五経《ごきょう》を知れり。且《また》能《よ》く彩色《しみのものいろ》及《およ》び紙墨《かみすみ》を作《つく》り、并《あわ》せて碾磑《みずうす》造《つく》る。蓋《けだ》し碾磑を造ること、是《こ》の時に始まるか。」

(6) 岡田英三郎「日本における製紙の始まり」日本・紙アカデミー研究発表会発表要旨、二〇〇三年六月二八日

紙は　よみがえる――日本文化と紙のリサイクル

プロローグ

一枚の紙で五度のオツトメ

図1をご覧ください。

図1は、一九七九年から発掘調査が行われた茨城県石岡《いしおか》市鹿《か》の子《こ》C遺跡というところで、土中から掘り出された「漆紙文書《うるしがみもんじょ》」と呼ばれるものです。掘り出したときはよくわからないので、赤外線カメラなどを用いて文字を読み取って図化し、学術研究の用に供されたものです。[1]「漆紙文書」については、後ほど（第三十話で）もう少し詳しく紹介させていただきます。

この鹿の子C遺跡から発掘された紙は八世紀末（奈良時代末〜平安時代初頭）の頃のものです。この漆紙文書をよく調べてみると、最初は戸籍でした。やがて戸籍として不用となった時点で、その裏面を利用して暦を書き込んで利用しました。暦として不用となったあと、その余白を利用して字の練習（習書）をしました。そのために余白が見えないくらい、文字で埋まっているのです。そして最後には、器に入った漆の乾燥を防ぐために、ふたとして利用しました。そして、掘り出されるまでの約千二百年間土の中に埋まっていたというわけです。

漆は土中で分解しにくいので、そのまま残り、紙に書かれていた文字がかすかに残ったということです。丸い容器のふたとして利用されて、漆が付着した部分だけが残ったので、図で見るように、文書も丸く残されました。

今日流にいえば、書類が不用になったので、その裏面を利用してカレンダーを作り、用なしになった

図1　漆紙文書（茨城県鹿の子C遺跡出土）

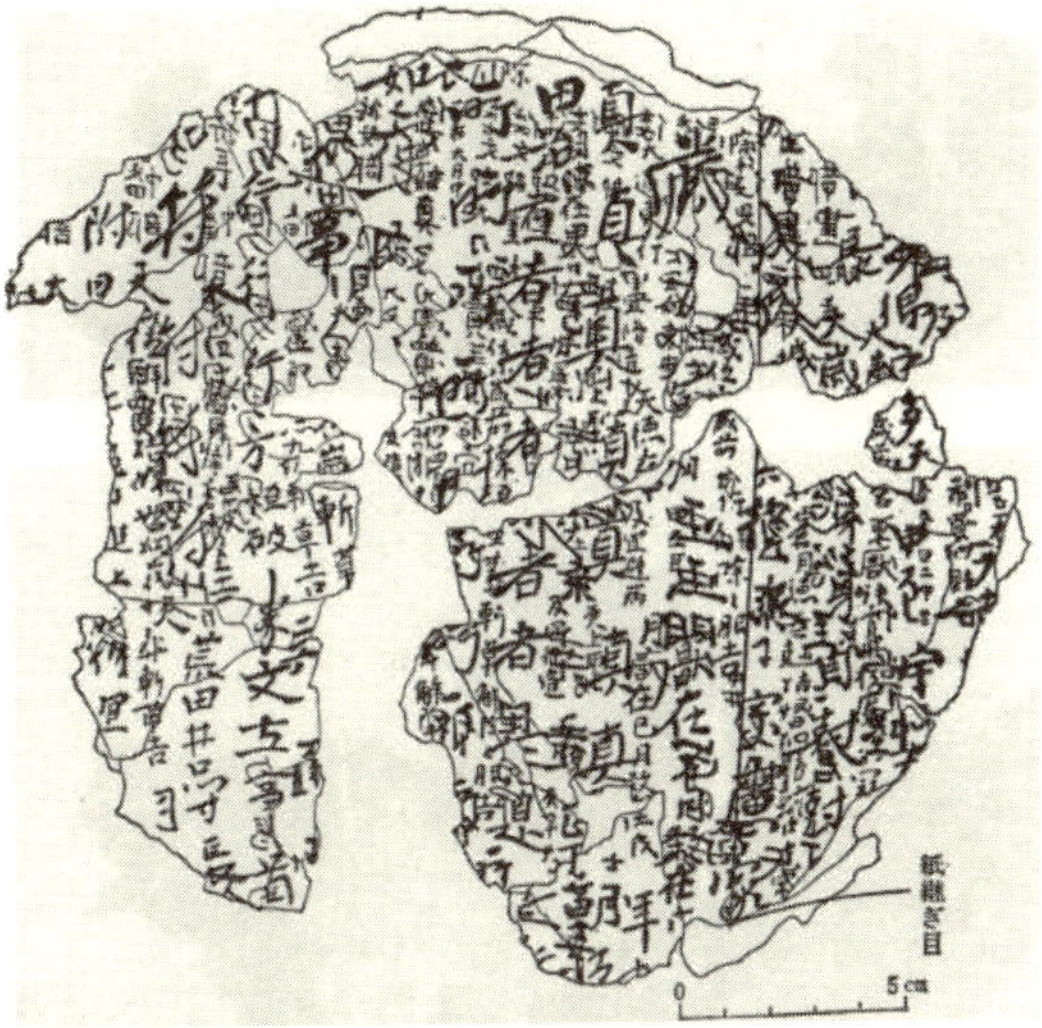

のでその余白を利用して書の練習をし、最後に容器の口のカバーとして利用したということでしょうか。

さらにこの漆紙文書は、現代の私たちに、当時の社会の様子を教えてくれる貴重な文字資料として役立っています。すなわち、戸籍に始まった一枚の紙が、今日では古代の情報史料としてまで、五度目の役に立ったということです。もっとも、千二百年後に私たちへのメッセージとして五度の務めを果たすとは当時の人々は考えもしなかったでしょうが……。

この一枚の鹿の子C遺跡出土の漆紙文書からは、紙が貴重なモノであった時代の人々の、紙に対する思いが伝わってきます。

参考資料

（1）平川南「漆紙文書」『季刊 考古学』第一八号、雄山閣、一九八七年

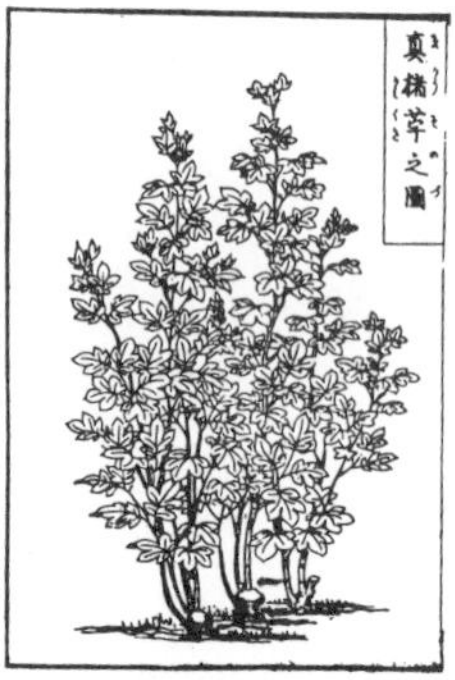

真《ま》楮苧《こうぞ》《かみくさ》之《の》図《ず》（『紙漉重宝記』より）

楮（こうぞ）

第一章

紙には魂が宿る

第1話

初めての脱墨紙

「ご町内をお騒がせいたします。毎度おなじみの古紙回収車です。……」

古紙回収で集められた、新聞紙、雑誌、段ボールなどはどこへ行くのでしょうか。もちろん古紙問屋さんに集められて、最終的には製紙会社に行って、再生紙のための原料となります。

ひとくちに製紙会社といっても、工場によって作っている製品が違います(1)。古い雑誌や段ボールは、主として段ボールや紙箱を作る紙材料の原料となります。ちょっとあなたの近くにある段ボールや紙箱を破ってみてください。よく見ると、違った種類の紙が何層にも重なっているのがわかります。段ボールや紙箱は、いちばん表面はさらのパルプを使っていますが、他の大部分はリサイクルされた紙のパルプでできているのです。

古新聞はどのように再利用されているのでしょうか。新聞古紙は、再び新聞紙として再生されています。今読んでいる新聞は、六〇％以上の再生された新聞古紙パルプと四〇％のさらのパルプから成ります。混入される元の新聞は印刷されていますので、パルプに再生するときに、印刷されたインキを取り除く脱墨（脱インキ）という処理をしています。もともと色の白い漂白したパルプを使用していた印刷用紙などの古紙は、トイレットペーパーなどに再生されますが、量的にはそれほど多くはありません(2)。

このように紙は、パルプ素材としてリサイクルできるという特質をもっています。二〇〇三年現在約六〇％の紙がリサイクルされているということです。紙は、本や書類としてストックされたり、焼却されたりしますので、理論的には六〇%位がリサイクルの上限だといわれていますので、日本ではその上限をクリアしてリサイクルされているということです。

　このように日本における紙のリサイクルは、量的にも技術的にも世界のトップクラスあるいはトップにあるといっても過言ではないでしょう。私事ながら、私はそのような技術に関わった仕事をしていたことを誇りに思います。

　ここまで、くだくだと日本における紙の再生の現状について述べてきたのは、今日のような状況を作り出したのは、千数百年に及ぶ長い日本の紙文化と不即不離と考えているからです。

　さて、日本の古代には「六国史《りっこくし》」と呼ばれる勅撰の史書（朝廷で編纂された公認の歴史書）があります(3)。『日本書紀』『続日本紀《しょくにほんぎ》』『日本後紀《にほんこうき》』『続日本後紀』『日本文徳天皇《にほんもんとくてんのう》実録』『日本三代実録』です。最後の『日本三代実録』は、平安時代前～中期に在位した清和《せいわ》天皇、陽成《ようぜい》天皇、光孝《こうこう》天皇の時代（八五八～八八七年）におけるできごとを、年月ごとに記録したものです。この『日本三代実録』の仁和《にんな》二年（八八六）十月の条に、正二位《しょうにい》藤原多美子《たみこ》という人が亡くなったことが記されています(4)。そして彼女の生前の人となりやエピソードが記されています（以下の読み下しは筆者による）。

〇廿九日甲戌。正二位藤原朝臣《あそん》多美子薨《みまか》る。右大臣贈正一位良相《よしみ》朝臣の少女《むすめ》。清和太上天皇の女御《にょうご》なり。性は安祥。容色は妍華《けんか》。婦徳を以て称せらる。貞観五年冬。従《じゅ》四位下を授く。六年春正月朔日。天皇元服を加う。此夕選を以て後宮に入れり。専ら房の寵に有り。少頃にして女御と為る。是の年の秋従三位《さんみ》に進む。九年正三位を加う。元慶元年従二位を授く。七年正二位に至る。徳行甚だ高し。中表の依懐する所と為る。天皇之を重んず。増《ます》す寵するところ他の姫と異なる。天皇入道の日。出家して尼と為る。持斎して勤修。晏駕《あんが》の後。平生賜う所の御筆手書を収拾し紙と作《な》す。以て法華経を書写す。大斎会《さいえ》を設く。恭敬に供養す。太上天皇の不訾《ふし》の恩徳に酬い奉る也。即日大乗戒

図2　清和天皇（「伴大納言絵巻」より）

を受く。聞き聴きたる者に感歎せざる莫《な》し。熱発して奄薨《えんこう》す。

要約しますと、「右大臣藤原良相の娘であった多美子は、貞観六年（八六四）正月に元服した清和天皇の後宮に入り、女御《にょうご》となった。清和天皇は数いる女性のなかで特にこの多美子を愛した。天皇が仏門に入ると、自分も出家して尼となった。清和太上天皇が崩御されたときに、それまでにいただいた手紙類を集めて再生して紙とし、法華経を書写した。このことを聞いた人々は大いに感動した。」となります（傍線は筆者）。

この傍線を引いたところを、私は、今日の技術の観点からして、墨で書かれた手紙類を集め、水中でばらばらにし再び紙に漉《す》き返して、写経用の料紙としたと推測しました。私の知る限りでは、はっきりと紙の漉き返し（リサイクル）について記した最初の文献史料と思われます（第十二話に述べるように、「正倉院文書」の記載から奈良時代に漉き返しが行われていた可能性は残る）。この漉き返しの過程で、十分でなくとも墨が抜けていると考えられますので、日本で初めての脱墨に関わる記事だとしました[5]。

清和天皇（図2）は、桓武天皇の直系玄孫で、文徳《もんとく》天皇の第四皇子として嘉祥《かしょう》三年（八五〇）に生まれ、わずか八ヶ月で皇太子になりました。さらに父文徳天皇が三二歳で急逝したために、九歳で天皇に即位しました。そして、右の記事にあるように一五歳のときに元服し、その日に藤原多美子が添臥《そいぶし》として後宮に入りました。この頃から、藤原氏が天皇の外戚となり幼い天皇の後見役となる、いわゆる摂関政治が確立してきます。

多美子が後宮に入った二年後に、多美子の従姉で藤原長良《ながら》（多美子の父藤原良相の兄）の娘藤原高子《こうし》が後宮に入ります（清和天皇一七歳）。藤原高子は清和天皇より八歳年上の二五歳、おまけに若い頃から在原業平《ありわらのなりひら》と色恋沙汰を起こし、後年にも何人かの男とスキャンダルを生むような人でした。

清和天皇もわずか三一歳で崩御しました（二七歳のときに仏門に入って上皇となる）。清和天皇の皇子をもうけたのは、藤原高子で藤原多美子ではありませんでした。藤原高子の生んだ皇子は、後に陽成天皇となり、その蔵人頭《くろうどのとう》に在原業平を据えました。

こんな時代の情況を学びながら[6][7][8]、右記の漉き返し紙のエピソードを読むと、また違った歴史が見えてくるように感じます。

参考資料

（1）（株）紙業タイムス『街の資源 古紙 ―紙のリサイクルと再生紙―』一九九〇年
（2）（株）紙業タイムス『紙のリサイクルと再生紙 ―地球にやさしい紙パルプ産業―』一九九二年
（3）坂本太郎『史書を読む』中央公論社、一九八七年
（4）黒板編『国史大系　日本三代實録　後編』吉川弘文館、一九八一年
（5）岡田英三郎「古紙の古代史」『（財）古紙再生促進センター会報』18（6）2頁、一九九二年
（6）横尾豊『歴代天皇と后妃たち』柏書房、一九八七年
（7）肥後、水戸部、福地、赤木『歴代天皇紀』秋田書店、一九七二年
（8）保立道久『平安時代』岩波書店、二〇〇〇年

第2話

藤原多美子は貞女の鑑

前話で紹介した藤原多美子の逸話は、よほど人気があったのでしょうか、中世の史料に何度か登場します。それを順次ご紹介します。

時代順に読んでいきますと、話の中身が少しずつ変えられてゆくのがわかります。そういうところも面白いので、少し面倒なのですが順番に見てゆきましょう。まずは、元の『日本三代実録』の記述です[1]（図3）（以下は筆者による意訳）。

仁和《にんな》二年（八八六）十月二十九日に、正二位藤原多美子朝臣《あそん》がお亡くなりになりました。彼女は、右大臣贈正一位藤原良相《ふじわらのよしみ（よしすけ）》朝臣の娘で、清和太上天皇の女御《にょうご》（皇后、中宮に次ぐ地位）でした。性格は穏やかで、容色ははれやかで美しく、まことに女性としての徳をそなえているとの評判でした。貞観五年（八六三）冬に従四位下《じゅしいげ》の位を受けられました。翌貞観六年正月一日に、清和天皇が元服され、その夕刻、選ばれて後宮に入られ、添臥《そいぶし》の栄に浴されましたが、ひとり寵愛を得られ、すぐに女御となられました。この年の秋には従三位《じゅさんみ》、九年には正三位となられました。元慶《がんぎょう》元年（八七七）には従二位、同七年には正二位となられました。行いは徳に満ちていて、目上の方がたからも慕われました。天皇はこのような多美子を大切に思われ、他の女性よりも深く愛されました。清和天皇が仏門に入られたときは、自分も出家して尼になられました。仏門に入ってもよく修行されました。清和太上天皇が崩御されたとき（筆者注　元慶四年（八八〇））、日頃頂戴していたお手紙を集めて、紙に再生されて料紙とし、法華経を書き写し、大きな法要を行って供養として奉り、天皇の限りない恩徳に酬《むく》われました。その日に大乗戒を受けられました。このことを聞いた人で、感動しない者はなかったとうかがっています。発熱の病を得るとすぐ亡くなられました。

藤原多美子薨去《こうきょ》から、約三〇〇年後の平安末期一一七〇年頃に成立したといわれる歴史物語『今鏡《いまかがみ》』（寂超《じゃくちょう》すなわち藤原為経《ためつね》作といわれている）の巻九「むかしがたり」第九「あしたづ」には次のような話として載っています(2)（以下は竹鼻績氏の訳(3)にもとづく）。

> 昔、清和天皇の御代《みよ》に、後宮に多くの女性がいらっしゃるなかで、一人の御息所《みやす(ん)どころ》（筆者注　藤原多美子のこと）が、太上天皇（清和天皇）が亡くなられたおりに、仏の道とお経供養してお弔いをされました。その折お経をお書きになった色紙の色が、ゆうべの空のうす雲のような墨色であるのをおかしなことだと思っておりました。
>
> ところがそれは、昔頂戴した手紙などを色紙に漉《す》き返して、お経の料紙とされたためとのことでした。そのときから、反故《ほご》紙で漉いた紙を写経用の料紙にすることが伝わったということです。

この『今鏡』の書き手は、私が推測したのと同じように、お経用の料紙は手紙類を漉き返して作成したものと考えています。さらにその紙が、薄雲のような色（ねずみ色）をしていたと、元の話（『日本三代実録』）には無いことを書き加えています。

『今鏡』よりさらに一〇〇年後に成った歴史書『吾妻鏡《あづまかがみ》』の「第四十八」正嘉《しょうか》二年（一二五八）二月条(4)には（以下は貴志正造氏による訳(5)にもとづく）、

> 清和天皇が崩御されたのち、皇太子妃であった御息所（藤原多美子のこと）が恋い慕い悲しみのあまり、朝夕に頂いた数百枚の書を漉き返して、大小の経を書き写された。（中略）薄墨紙のお経の例はこの時に始まった。

図3　藤原多美子の逸話を載せる『日本三代実録』（国史大系本）

と記載されています。

この『吾妻鏡』では、書を数百枚（原文では数百合《すひゃくごう》）と、元の『日本三代実録』に記載のない枚数を具体的に書いています。また『吾妻鏡』では、多美子を皇太子妃（原文では〝東御息所〟。東は今でも皇太子を東宮と称する）と書いていますが、清和天皇は、多美子が後宮に入った貞観六年（八六四）には、すでに天皇位に就いていたので、これもおかしな話となります。(注) 清和帝の后妃の中で東宮の御息所と呼ばれていた人は藤原高子でした。

オリジナルの『日本三代実録』の記載では、何枚の手紙を漉き返したとか、写経に用いた紙が薄墨色であったなどとは書いていません。ましてや私も勝手に推測しましたが、紙を漉き返したなどという記述もありません。

後世の人は、このようにどんどんとイメージで情景を増やしてゆくのでしょうか。

また、藤原多美子は『日本三代実録』では「女御」となっているのに、『今鏡』や『吾妻鏡』では「御息所」となっているのもおもしろいことです。平安時代に使われていた「女御」という用語がすたれ、『今鏡』や『吾妻鏡』の時代では「御息所」と書かないと、その立場が理解できなくなったのでしょうか。

鎌倉時代中期の説話文学である『十訓抄《じっきんしょう》』（著者不明、一二五二年成立）では、この逸話は次のように書かれています（以下は浅見和彦氏による訳）(6)。

清和天皇がお亡くなりになって、東宮の御息所の藤原多美子さまは、亡き天皇のことを恋い慕い、泣き悲しまれ、その御様子はたとえようもなかった。月日がだんだんと重なり過ぎゆくにつけても、昔を思い偲ばれる涙は、お袖に乾く間もなく、御息所はどうしていいかわからないまま、毎朝毎夕、通い合せたお手紙をしまっておいた箱が、百にも余るほどであったが、それを開けて御覧になるにつけても、お心が落ち着かれず、思い乱れるばかりでいらっしゃった。いっそお手紙を焼いて、空の煙としてしまおうとも思われたが、この上なく悲しく、はかなく思われたので、色紙に漉かせて、たくさんの経文を書いて供養をなさったのだった。

その願文《がんもん》を贈中納言 橘 広相《たちばなのひろみ》に書かせられたところ、広相はそれを作って持参、御経の色紙を拝み申し上げた。色紙の色がちょうど夕べの空の薄雲のようで、薄く黒みがかっているのを見て、「この御経の紙は紺紙《こんし》でもなく、色紙《しきし》でもない。どういうことなのでしょうか」とお尋ね申したが、「ちょっと理由《わけ》がありまして」とばかりで、詳しくはおっしゃらなかった。それでもなお、お尋ねすると、御簾《みす》の間近にお召し寄せになって、ご自身でも、とても忍びこらえることがかなわぬといったご様子で、「実は、これこれのことで」とおっしゃられるのだった。「このお気持ちを御願文に載せられたらいかがでしょうか」と恐る恐る申し上げると、「そのことですが、御宸筆《しんぴつ》を消してしまったのも、とても気になっております」とおっしゃられる。「どうして、すこしは触れられないでおられましょう」ということで、広相は、

同心にという堅い約束は、蓮花の偈文《げぶん》となり、ゆるぎない堅い詞《ことば》は真言の法門へと入っていく

と書き入れられたということである。

この時の話から、反故色紙ということが世に始まったといわれている。

『今鏡』や『吾妻鏡』では、〝紙は薄墨色であった〟とか〝多美子が皇太子妃であった〟とかの創作が行われましたが、『十訓抄』では、〝多美子が涙を流した〟〝手紙をしまってあった箱が百以上あった〟〝手紙を焼こうと思った〟〝橘広相に願文を書かせた〟〝御宸筆を消してしまったのをとても気にしている〟など話に尾鰭《おひれ》がついた書きぶりになっています。

『十訓抄』に橘広相が出てくるのは、『今鏡』に記載された逸話の最後に、この話が「橘の氏《うじ》贈中納言と聞え給ひし宰相の日記にぞ、この事書かれたると聞え侍りし」と書かれてある、すなわち橘広相（筆者注　八三七〜八九〇）の日記にこのことが書いてあるという記述を受けているのでしょう。しかし、オリジナルの『日本三代実録』の逸話では、橘広相という名はいっさい出てきません。同じ時代の人であったので、このような交流があってもおかしくないと、考証してのことでしょうか。

この『十訓抄』を最初の『三代実録』（両書では約三五〇年隔たっている）と読み合わせていただければ、藤原多美子が儒教的な貞女として、どのように脚色、変質させられているかが読み取れます。『三代実録』は歴史書、『十訓抄』は訓話的な物語集という違いはありますが、いかにも時代的な社会背景によって変質されてくるものだと思いました。

『三代実録』『今鏡』『十訓抄』と読み進んでくると、時代とともに女性が抑圧されてくる歴史とも重なるように感じるのですが、ここでは主題を超えるので深い考察は差し控えます。

歴史が時代背景によって変質させられるというよく似た現象は、現代でもあります。たとえばＮＨＫの大河ドラマを見て、歴史的な事実だと思われている方が多いようですが、かなりな部分が創作されています。そこに演出者の制作意図（歴史観）を読み取っておかないと、誤った歴史がインプットされてしまいます。どなたかがおっしゃっていましたが「ＮＨＫの大河ドラマは、歴史物ではなくホームドラマに過ぎない」と。言いえて妙だと思います。

参考資料

(1) 黒板編『国史大系　日本三代實録　後編』吉川弘文館、一九八一年
(2) 黒板編『国史大系　第二十一巻 下 今鏡・増鏡』吉川弘文館、一九四〇年
(3) 竹鼻績訳注『全訳注　今鏡（下）』講談社、一九八四年
(4) 黒板編『国史大系　吾妻鏡　第四』吉川弘文館、一九八一年
(5) 貴志正造訳注『全譯　吾妻鏡　五』新人物往来社、一九九四年
(6) 浅見和彦校注・訳『新編日本古典文学全集五一　十訓抄』小学館、一九九七年

(注) 〝東御息所〟を私のように「東宮妃」と読むのではなく、「東宮の母の御息所」と読むということが指摘されている（横尾豊『歴代天皇と后妃たち』柏書房、一九八七年、六一頁）。横尾氏は、『古今和歌集　雑上』に藤原高子が清和天皇の第一皇子で皇太子貞明親王の母であるときに〝東御息所〟と書かれていることから、「東宮の母の御息所」と解釈されている。藤原多美子も同じように〝東御息所〟と呼ばれたのであろうか。

第3話

吉原の花魁にこけにされた男

藤原多美子の話にかかわって、私がどこかで読んだおもしろい話をひとつ紹介しておきましょう。江戸の遊郭の花魁《おいらん》は、ただ身を売るだけでなく、高い教養を身につけ、プライドも高かったということです。

ある男が吉原の花魁から手紙を貰《もら》ったところ、その手紙はねずみ色をした漉き返し紙に書かれていたので、「もっと良質の紙を使うよう」に言うと、「藤原多美子の故事を知らないのか」とこけにされたということです。

もっともこの話も、漉き返し紙＝恋情というところは共通しているようですが、第二話でご紹介したように、元の故事からいうとかなり変形されているといってよいでしょう。ちなみに、手元にある浮世絵の選集には(1)、花魁が手紙を書いている（図4）、あるいは読んでいる場面が二、三ありましたが、薄墨紙《うすずみがみ》と認められるものはありませんでした。

もっとも、浮世絵の摺師《すりし》がこのような故事を知らなければ、紙は白いものとして摺《す》りあげてしまうのかもしれませんが……。

遊女にとって、手紙は大事な商売手段だったようです(2)。

さてこの吉原で御用済みとなった紙を、近在の百姓が再生する副業も盛んだったようです。吉原は「高級な料紙を惜しげもなく消費した別天地であった」とのことです(3)。そして、吉原でご用済みとなった

図4　手紙を書く遊女　歌麿画

紙の収集には、特別な利権があったそうです。

　吉原の反故紙の再生と関係があったのかどうか調べていませんが、吉原に近い江戸近郊の千住《せんじゅ》では、近年まで農閑期に盛んに漉き返し紙を生産していました。もっとも近年まで作られていたのは、「浅《あさ》草紙《くさがみ》」と呼ばれる粗悪な紙だったようですが。

　東京都足立区にある足立区立郷土博物館（足立区大谷田五―二〇―一）に行くと、近年まで残っていた紙漉場がそっくり移築して展示されています。

参考資料

（1）『浮世絵名作選集』全二〇巻、山田書院、一九六七年～一九六八年
（2）中野栄三『遊女の生活』雄山閣、一九九六年
（3）笹沢琢自『日本の古紙―紙の生産流通と再生循環の構造―』私家本、一九九五年

第4話 中世の文学に見る漉き返し

中世の文学資料には、紙の漉き返しあるいは漉き返し紙について書かれた話をいくつか見ることができます。これからしばらくそれらをご紹介しましょう。

一三世紀初頭に、二百近い説話を集めて成ったという『宇治拾遺物語《うじしゅういものがたり》』の百四十二話「空也《くうや》上人臂観《しょうにんのひじかん》音院僧正祈直《のんいんのそうじょういのりなお》す事」に次のような話が載っています[1]。

市聖《いちひじり》あるいは阿弥陀聖と称されていた空也上人が、京の貴族源雅信《まさのぶ》の館で、来合わせた餘慶《よけい》僧正の加持によって、幼児のときに痛めて曲がっていた肘《ひじ》を治してもらい、そのお礼に、

その日、上人、供にわかき聖三人具《ぐ》したり。(中略)一人は反故のおち散りたるを、ひろひあつめて、紙にすきて経を書写し奉る。その反故の聖を、臂《ひじ》直りたる御布施に、僧正に奉りければ、よろこびて弟子になして、義観《ぎかん》と名づけ給《たまふ》。ありがたかりけることなり。(傍点は筆者による)

とあります。

空也上人に供奉《ぐぶ》していた若い三人の仏弟子の一人で、反故紙を拾って漉き返した紙を作り経を書写していた弟子を、肘を治してもらったお礼に、餘慶に差し出したということです。

反故紙を拾い集めて漉き返すという行為は、ひとつの徳行であるということなのでしょうか。

空也上人は、一〇世紀中頃の人なので、紙を拾い集めていたということが、一〇世紀の話なのか、『宇治拾遺物語』が成立した一三世紀頃のことなのかはわかりません。

図5　空也上人像　六波羅蜜寺所蔵

京都の六波羅蜜寺《ろくはらみつじ》に、鎌倉時代に製作された「南無阿弥陀仏《なむあみだぶつ》」を唱える、重要文化財の空也上人像があります（図5）。私は、ある機会にこの空也上人像を拝観させていただいたのですが、治してもらったあとの肘だったのでしょうか、曲がっている様子はありませんでした。

同じ一三世紀初頭の頃に成った私家集に『建礼門院右京大夫《けんれいもんいんのうきょうのだいぶ》集《しゅう》』があります[2]。

平清盛の娘で高倉天皇の中宮徳子《とくこ》は、源平合戦に壇の浦で破れて、実子である幼帝安徳天皇と入水するも、自分だけが救われて、晩年、平安京郊外大原の里寂光院《じゃっこういん》に閑居した悲劇の人であることは有名な話です。この建礼門院の院号をもつ徳子につかえた私家集の作者である右京大夫も、藤原氏北家の筋、能書の家として名高い世尊寺《せそんじ》家に生まれながら、年下の愛《いと》しいひとを治承《じしょう》・寿永《じゅえい》の動乱（一一八〇年頃）で失い、その思い出を晩年日記風の歌集として編みました。

（前略）身一つのことに思ひなされてかなしければ、思ひおこして、反古（ほうぐ）ゑりいだして、料紙にすかせて、経かき、又さながらうたせて、文字のみゆるもかはゆければ、裏に物をかくして、手づから地蔵六体墨書きにかきまゐらせなど、……（後略）。（傍点は筆者による）

前後の関係から、この反故紙は恋人平資盛《すけもり》からの文《ふみ》などであろうと考えられます。「又さながらうたせて、文字のみゆるもかはゆければ」の意味が、十分理解できませんが、反故の手紙が離解工程中（成紙から元の繊維に戻す工程中）に未《いま》だにこなれなく、ときどき文字の残っている部分が見え隠れしているということなのでしょうか。とすれば、右京大夫は漉き返しの場に立ち会ったのか、あるいは、小者《こもの》に立ち会わせて、その様子を聞いたのでしょうか。

図6　こうぞ打ち（『紙漉重宝記』より）

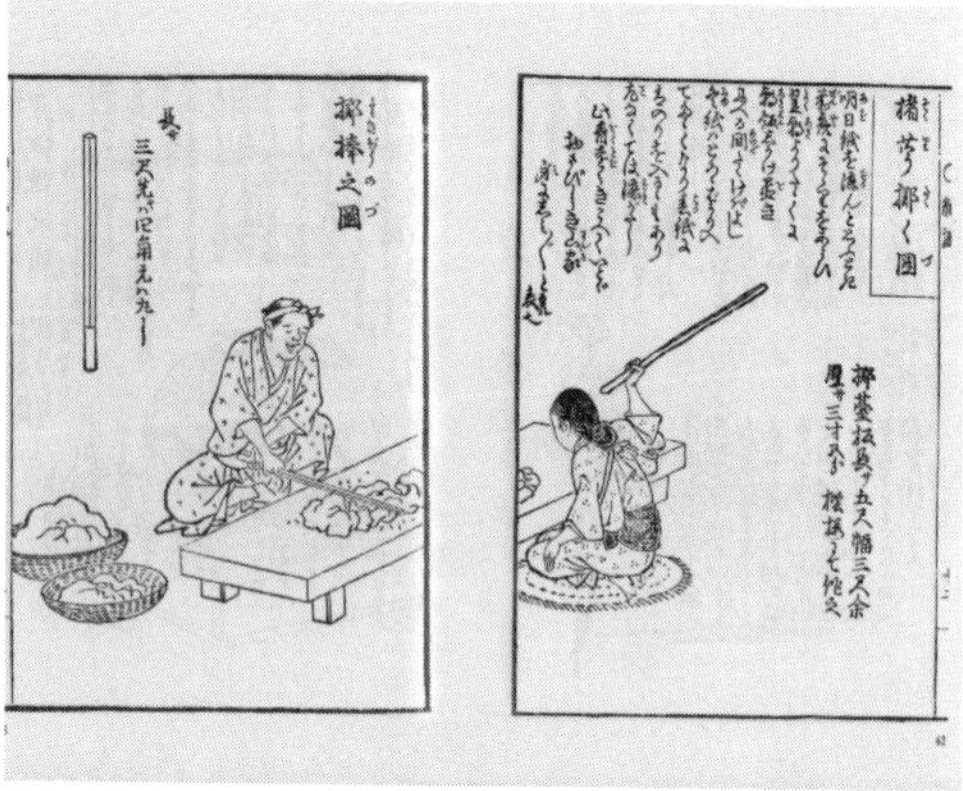

私は十分に文意がわからないなかで「又さながらうたせて、文字のみゆるもかはゆければ」という書きぶりに引かれます。自分と今は亡き愛しい人をつないでいた手紙の文字が、最初ははっきりしていたが、手紙がうたれてゆくなかで、だんだんとただ墨色となって見えなくなってゆくことが、二人の関係のはかなさを現しているように思えるのです。

私は、「うたせて」反故紙をほぐしてゆく作業を、臼を使っていると思っていたのですが、臼なら「つかせて」となり、ここでは叩《たた》き棒をつかって「うたせ」たのだろうと考え直しています。その様子は、図6のような作業だったのでしょうか（国東《くにさき》治兵衛《じへえ》『紙漉重宝記』より[3]）。

第二話で紹介した『吾妻鏡』記載の藤原多美子の故事の前に、次のような話があります[4]。というよりも、反故紙を漉き返してお経とすることにしたいわれの後半部に、藤原多美子の逸話が挿入されています。（以下は筆者による意訳）

正嘉《しょうか》二年（一二五八）二月十九日に、信承法印を導師として、最明寺《さいみょうじ》において行った五種行が終わりました（結願《けちがん》）。その際に普賢菩薩の像と法華経二部を供養としましたが、うち一部は、聖霊の遺札を漉き返して真文料紙としたものので、その第一巻は法主が手ずから書き写されたものでした。

図７　漉き返し紙に書かれた円覚経

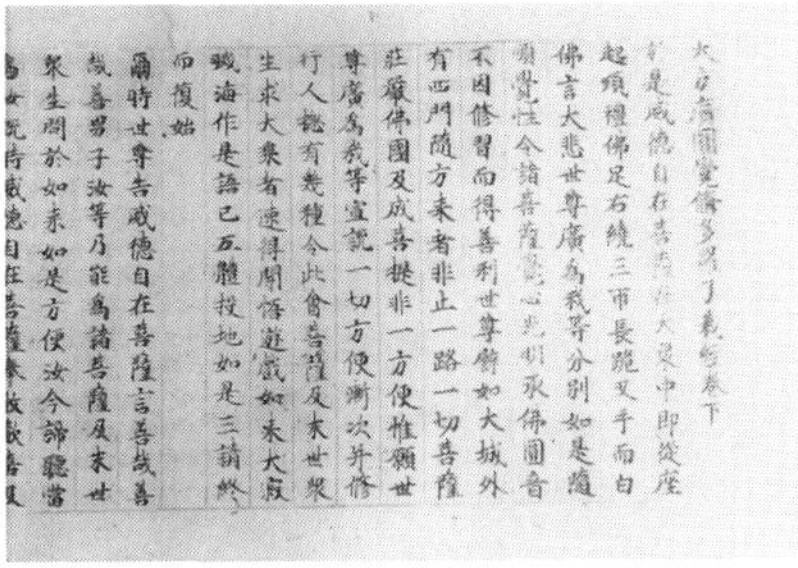

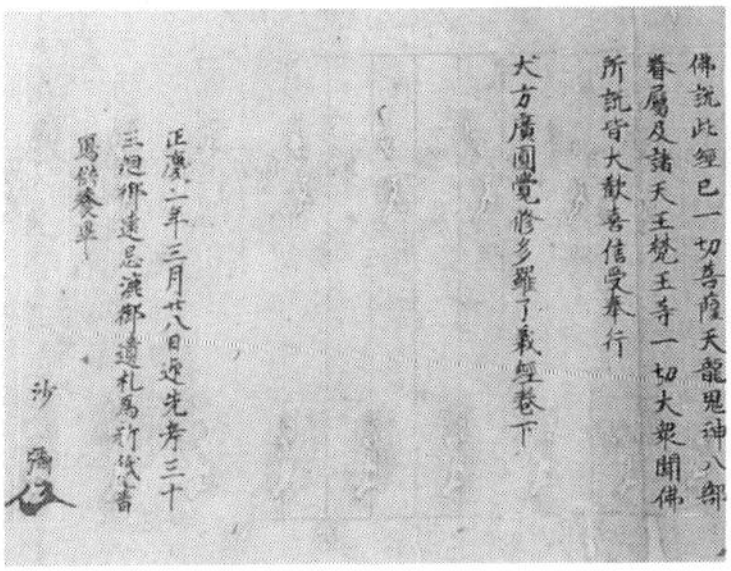
佛説此經已一切菩薩天龍鬼神八部
眷屬及諸天王梵王等一切大衆聞佛
所説皆大歡喜信受奉行
大方廣圓覺修多羅了義經巻下

（以下略、傍点は筆者による）

藤原氏の栄華を描いた『栄華物語』の巻二十七に、万寿三年（一〇二六）六月二十八日、法住寺で藤原公信《きんのぶ》（藤原道長の従兄弟の子）の七十三日目の法事がとり行われ、

　七月一日、法住寺には、かの中納言非違別当《ひいのべっとう》し給ける折、人の申文・愁文などありけるをとり集めて、紙にすかせて法華経かゝんとおぼしける紙に経書き、……

とあります[5]（傍点は筆者による）。すなわち、公信が中納言・検非違使の別当であった時に、諸人から公信に宛てて出された請願文や愁訴《しゅうそ》文を漉き返して料紙とし、お経にしたということです。

この『栄華物語』に書かれている事例によく似たお経を、実際に見ることができました。

横浜市金沢区に、金沢北条氏の菩提寺である称名寺《しょうみょうじ》に近接して神奈川県立金沢文庫《かねざわぶんこ》があります。もともと「金沢文庫」は、学問を好んだ北条（金沢）実時《さねとき》によって創建されたとされ、その子孫の顕時《あきとき》、貞《さだ》顕《あき》、貞将《さだゆき》と引き継がれ、多くの和漢の書が収蔵されていました。しかし鎌倉幕府の崩壊とともに衰退にむかい、蔵書も散逸していましたが、ようやく昭和五年（一九三〇）に、金沢文庫や称名寺が所蔵していた文書や美術品を保管・調査研究するために、同じ「金沢文庫」という名で復興されました。神奈川県立金沢文庫は地味な博物館ですが、中世の研究者には欠かせないようです。この博物館において一九九四年夏に「紙背文書の世界」という特別展が催されました(6)。

この展覧会に、金沢貞顕が正慶二年（一三三三）に父顕時の三十三回忌の供養に手紙類を集めて料紙に漉き返し、書写・奉納した円覚経《えんがくきょう》が展示されていました（図7）。故人の書簡などを漉き返して経とすることは、中世に広く行われたとのことでしたが、実見するのは初めてでした。

この料紙を見たとき、明らかに未離解の紙片（紙の繊維が十分にほぐれていない）が多く見えましたので、漉き返し紙を使っていることはわかったのですが、未離解の紙片が残っているのは漉き返し技術の未熟さのせいだけではないのではと思いました。カタログの解説には、「墨のまじった繊維がまばらにみえ、白い部分が多いことは、混ぜた顕時の手紙の量が、それほど多いものではなかった」とありました。しばらく見入っていると、これは、漉き返し紙であることを誇示するためにわざわざ十分に離解せず未離解の紙片を残しているということも考えられるのではないかと思われてきました。

漉き返しのやり方（反故紙の製作法）にも、いろいろあったのではないかということを考えさせるきっかけにもなった資料でした。

参考資料

（1）渡辺、西尾校注『日本古典文学大系　宇治拾遺物語』岩波書店、一九八二年
（2）久松、久保田校注『建礼門院右京大夫集』岩波書店、一九八九年
（3）青木ら編『紙漉大概、紙漉重宝記、紙譜』恒和出版、一九七六年
（4）貴志正造訳注『全譯　吾妻鏡　五』新人物往来社、一九九四年
（5）松村、山中校注『日本古典文学大系　栄華物語　下』岩波書店、一九八一年
（6）神奈川県立金沢文庫図録『紙背文書の世界』一九九四年

第5話

物忌み札

どういうことか、今、若い人の間で陰陽道《おんみょうどう》がブームになっているそうです。中世の人は、この陰陽道の考えを受けて〝物忌《ものいみ》〟ということを大変重視したようです。

〝物忌〟とは、インターネット「kyoto-net」の「平安貴族／陰陽道・暦法上の習慣」によると、(1)

平安時代の人々の日常生活は、古い慣習上のしきたりや陰陽道の禁忌の思想や暦法上の取り決めなどによって、かなりの制約を受けていた。

ことに日時の吉凶は重視されており、当時の暦に書き加えられている暦註《れきちゅう》にも、雑忌や日の吉凶が明記されていて、公私の儀式や冠婚葬祭をはじめ、神事・仏事・外出・沐浴・服薬・治療など、いっさいの日常行事や行動が凶日を避けて吉日に行われることになっていた。

また、悪い兆しがあったり、夢見が悪かったり、穢《けが》れに触れたりした時には、それらの忌みを避けるために一定の期間身を慎む物忌という風習も盛んで、重い物忌の時には、人にも会わず、手紙も受け取らないで、籠居《ろうきょ》することもあった。

方位の吉凶も重要なことで、病気の治療に良い方向を選んだり、外出に際して行先の方角が悪い場合、それを避けるためにわざわざ別の方角に出かけ、そこから改めて目的地へ向かう方違《かたちがい》（かたたがえ）という風習も行われた。

とあります。

図８　現代に生きる「物忌札」

物忌を行うときに、〝物忌札〟を柱などに貼って室内に籠《こも》ったといわれていますが、この物忌札に漉き返し紙を使ったようです。

京都では今日でも、葬儀が終わると玄関口に忌といううすい墨で書いたようにみせかけた紙を貼る風習があります。この色合いは、中世の物忌札が漉き返し紙を使っていた伝統が、なお現代にも残されたということでしょうか（図８）。

最近、紙製ではなく木製ですが、「今日物忌　此處不有預人而他人輙不得出入」すなわち「今日は物忌です。ここに用件を取り次ぐ者はいませんので、他人は故なく出入りはできません。」という長岡京期（七八四―七九四）の物忌札（木簡《もっかん》）が、京都府向日市《むこうし》の長岡京跡から発掘され話題になりました[2]（図９）。

図９　「今日物忌」木簡（京都府長岡京跡出土）

参考資料
（１）http://web.kyoto-inet.or.jp/people/kajyu/seikatu.htm
（２）京都文化博物館特別展図録『古代日本 文字のある風景―金印から正倉院文書まで―』朝日新聞社、二〇〇二年

第6話

紙は燃やしてはいけない

「つくも神」というコトバがあります。「付く喪神」「憑く喪神」「九十九神」などと書かれているようです。どういうところに興味を持つのか知りませんが、今、若い人の間では「妖怪」がブームなのだそうですが、「つくも神」も妖怪の一種なのでしょうか、大変人気があるようです。

中世の人は、古くなってうち捨てられた道具たちが、妖怪となって現れると信じていました。長い年月使われているあいだに、人間と同じように、魂が宿るようになると考えていたのです。室町時代に制作された「付喪神《つくもがみ》絵巻《えまき》」(図10)は、古くなってうち捨てられた道具が、妖怪となって街へくりだしているようすをしめした百鬼夜行《ひゃっきやこう》絵巻として著名です。(1)

道元画像

往古の人は、紙、特に手紙や文書など文字を書きつけた紙には、それを書いた人の精神(こころ)が宿っているという意識があったのではないかと想像するのですが、みなさんはいかがでしょうか。

また、古代には、コトバにも霊力が宿ると信じられた「言《こと》霊《だま》」という思想があったといいます。文字の研究者白川静氏は、コトバそのものが極めて神聖なものであったと断定されています。(2) 神と交感するためにはコトバが必要であるからで

図10「百鬼夜行絵巻」

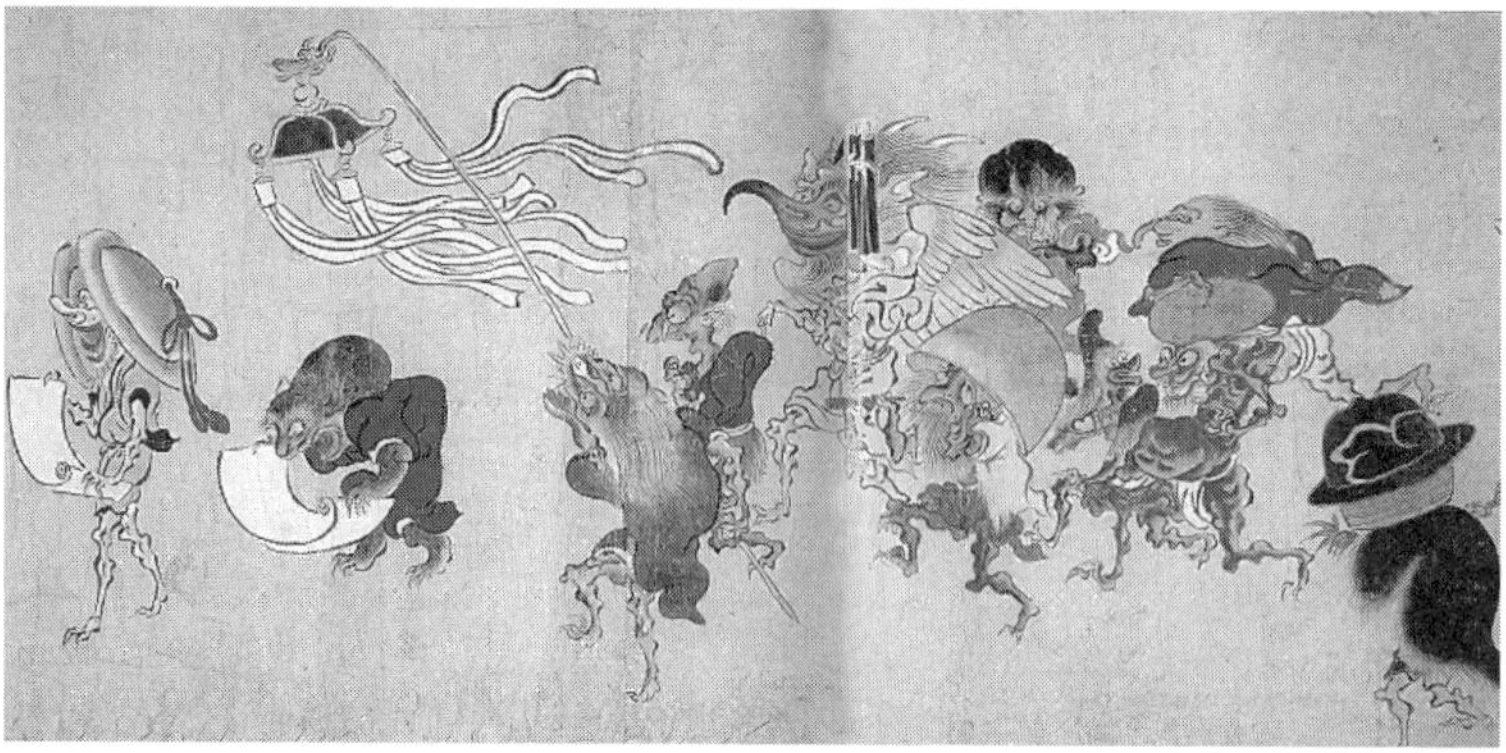

す。したがって、魂や霊の宿る文字の書かれた反故紙は安易に廃棄してはいけなかったのではないでしょうか。

鎌倉時代に曹洞宗《そうとうしゅう》を開いた道元《どうげん》に、『正法眼蔵《しょうぼうげんぞう》』という日常の座禅・工夫から、修行の本旨、仏法の真髄までを説いた説法集があります。その「第五十四洗浄」には、いわばトイレにおける作法が記されています(3)。

屙屎退後《あしついご》、すべからく使籌《しちゅう》すべし。又かみをもちゐる法あり。故紙をもちゐるべからず、字をかきたらん紙、もちゐるべからず。(後略)

すなわち、用後は籌《ちゅう》をつかうこと。紙を使ってもよいが、故紙特に文字の書いてある紙は使ってはいけないと書かれています。

籌とは、糞をはらうための割り箸に似た木切れです(4)。

道元の教えからも、なお紙が貴重なものであり、文字が書いてある故紙には、書き手の魂が入っているということが読み取れるのではないでしょうか。

酒呑童子《しゅてんどうじ》(図11)といえば、丹波の大江山《おおえやま》(丹後の大江山とする説話もある)に住み、源頼光《よりみつ》らに退治された鬼として有名です(5)。民俗学者の谷川健一氏の紹介した酒呑童子の異聞について、馬場あき子氏(6)や小松和彦氏(7)が詳しく紹介されています(以

図11　頼光らと宴をもよおす大江山の酒呑童子（左）

下は小松氏の著書による）。

越後国砂子塚の城主石瀬俊綱は子どもがなかったので、（略）妻とともに信濃戸隠山に参拝祈願したところ、妻は懐妊した。子どもは、三年間も母の胎内にあってようやく生まれた。幼名は外道丸《げどうまる》と呼ばれ、手のつけられない乱暴者であったが、ずばぬけた美貌の持ち主でもあった。両親は外道丸の乱暴ぶりを懸念して、弥彦山国上寺《こくじょうじ》へ稚児として出した。

外道丸は国上寺でおとなしくなったが、その美貌ゆえ多くの女たちに恋慕された。そうこうするうちに、外道丸に恋する娘たちが次々に死ぬ、という不吉な噂が立ち、外道丸がこれまでに貰った恋文を焼き捨てようと箪笥《たんす》を開けたところ、もうもうと煙が立ち込め、煙にまかれた外道丸はその場に気をうしなってしまった。しばらくして気がついた外道丸の姿は、見るも無惨な鬼に変わっていたのである。

外道丸はしばし茫然自失の状態であったが、やがて身を躍らせて天高く飛びあがり、戸隠山方面に姿を消した。そののち、丹波の大江山に移り住み、酒呑童子と名のり、やがて源頼光たちに討伐されたという。

私がここで推測したのは、貰った恋文を焼き捨てようとした行為が、この時代では咎《とが》められていたのではないかということです。紙に書かれたものには魂があり、不用になった時は反故として、もとの紙に漉き返す（還魂する）という考えがあったのではないかと思えたからです。

小松氏は、別著の中で「つくも神」に触れ、古道具を捨てるとき、しっかり供養してやることが、「つくも神」の難を防ぐ法だったと書かれています(8)。

昔は、モノを生み出すことが大変だったので、モノを大切にするということを知らせるために、モノには魂や霊があるというように考え、容易にモノを捨てないという生活の知恵がうまれたのだろうと思います。あるいは、どのようなモノでも長く使っていると愛着を感じてくるということもあったでしょう。

参考資料

（1）岩井監修、近藤編『図説 日本の妖怪』河出書房新社、二〇〇〇年
（2）白川静『中国古代の民俗』講談社、二〇〇一年
（3）大久保道舟編『道元禅師全集 上巻』筑摩書房、一九六九年
（4）大田区立郷土博物館図録『考古学トイレ学』一九九六年
（5）高橋昌明『酒呑童子の誕生』中央公論社、一九九三年
（6）馬場あき子『鬼の研究』筑摩書房、一九九四年
（7）小松和彦『日本妖怪異聞録』小学館、一九九五年
（8）小松和彦『憑霊信仰論』講談社、一九九四年

第7話

紫紙はどうして作る

藤原鎌足《かまたり》は、私の愛用する古くて小さな歴史辞典によると、

藤原鎌足　六一四―六六九　飛鳥時代の政治家。初め中臣《なかとみ》氏、また鎌子《かまこ》という。六四五年中大兄皇《なかのおおえのおう》子《じ》と蘇我氏を倒して大化改新を実現、内臣《うちつおみ》として改新政治を指導。近江令制定にも功あり、天智天皇から大織冠《たいしょっかん》の位と藤原の姓を賜り、藤原氏隆盛の基を築いた。

とあります(1)。

奈良県談山《たんざん》神社近くの御破裂《ごはれつ》山山頂に藤原鎌足の墓所が、大阪府茨木市には鎌足公古廟がありますが、茨木市大字安威《あい》と高槻市奈佐原《なさはら》にまたがる場所に、阿武山《あぶやま》古墳という直径八〇メートルの古墳時代終末期の円墳があり、この古墳も鎌足の墓の候補のひとつにあげられています(2)。その理由は、鎌足が大化改新の前年（六四四年）に、摂津三島《みしま》郡に隠棲していたのでゆかりの地であると考えられることと、昭和九年（一九三四）に京都大学地震観測所の拡張工事で発掘調査された阿武山古墳の内容が極めて豪華なものであったことなどによるものです。

ところで一九八二年に、この昭和九年の発掘調査で撮影された埋葬者のX線写真が発見され、一九八六年から発掘調査の再評価が行われました(3)。

その中で、副葬されていた冠の復元が行われました。この冠は、天智天皇八年（六六九）に病の重い鎌足に賜った大織冠《たいしょくかん》として復元されました。大織冠は鎌足のほかには、百済（六六〇年に滅亡）からの

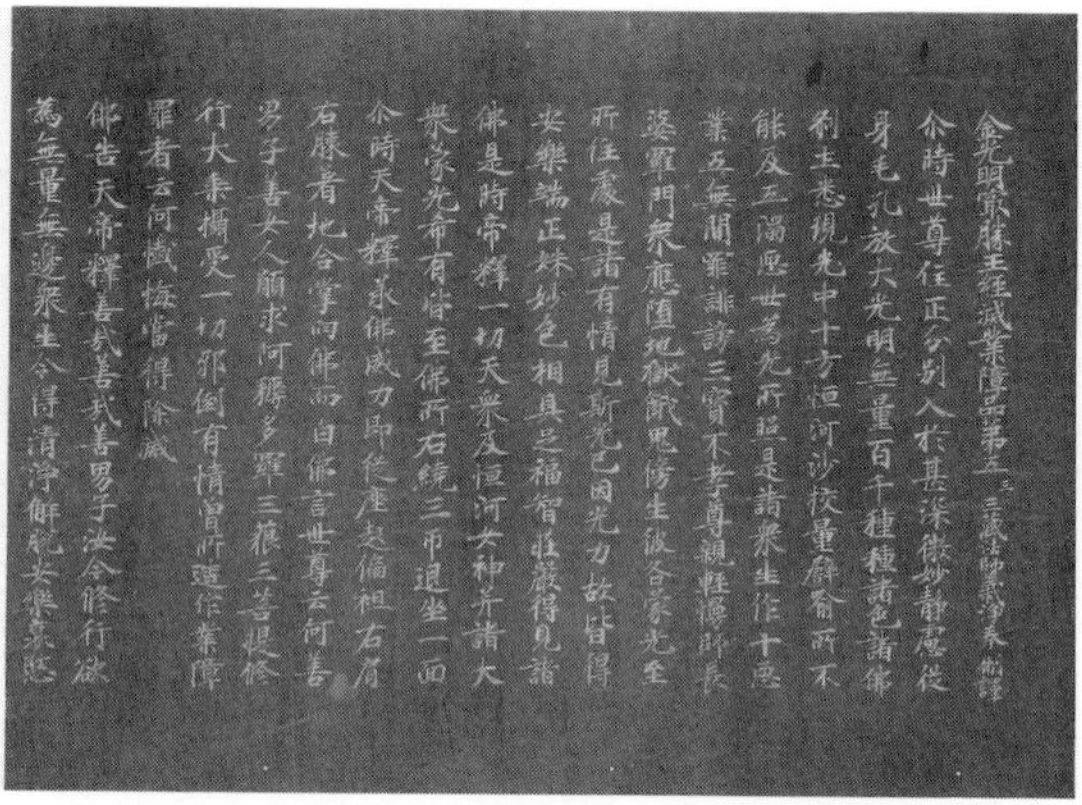

図12　紫紙金字金光明最勝王経（奈良国立博物館蔵）

人質として処遇していた（余《よ》）豊璋《ほうしょう》の王として滅亡した国を再興したいとの要望を受けて、六六二年に送還した際に授けた計二例しかありません。復元された大織冠は、紫色の絹織物に金糸で刺繍されたものです。紫色は古代では最高位の色だからです。紫という色にこだわって、かなり話がずれてしまいました。

時が経ち、四分の三世紀後の天平十二年（七四〇）に聖武天皇は、国ごとに国分寺（金光明四天王護国之寺《こんこうみょうしてんのうごこくのてら》）と国分尼寺（法華滅罪之寺《ほっけめつざいのてら》）を建立する詔《みことのり》を発し、総本山としての東大寺および本尊としての盧舎那仏《るしゃなぶつ》（いわゆる大仏）を建立したことはよく知られています。この詔に、建立した国分寺の塔に「金光《こんこう》明最勝王経《みょうさいしょうおうきょう》」を安置することとあります。この経は東大寺の写経所で作られたので、濃い赤紫の厚手の色麻紙《しきまし》に金泥を用いて書写されたものです。ここでも紫色が用いられているのは、最高位の色だからです。この経は「紫紙金字《ししこんじ》金光明最勝王経」（国分寺経）と呼ばれ、七一部（七一〇巻）写経されました。一二〇〇年以上経った今日も奈良国立博物館に備後国のものが、国は不明ですが高野山龍王院にも各一〇巻完存しているとのことです（図12）。

さてこの紫紙はどのようにして作られたのかがよくわかっていません。染料はムラサキ科ムラサキの根（紫根《しこん》）が用いられたことは間違いないようなのですが、いろいろ試みられた再現試験では、なかなか残されている史料のような色がでないそうです。

染色家の吉岡幸雄氏は

（前略）紫根から抽出した色素を、おそらく椿灰で沈殿させて絵具状の濃い紫色の染料をつくり、和紙に何度も刷毛《はけ》で塗る引染《ひきぞめ》によるものと私は思っている。なぜなら、その経典の損傷箇所から紙のなかが見え、芯が白いことがわかるからである。濃度をあげながら何度も染料の液に浸ける浸染《つけぞめ》であれば、紙の芯まで色素が浸透していく。だが紙は、糸や布とちがって長時間で、しかも温度を上げる染色には耐えられないし、椿灰汁のなかに入れておくと、アルカリ性の液であるから紙質が溶けてしまう。引染でなければ濃度を上げることはできない。（後略）

と書かれています[4]。

有田良雄氏は、

ムラサキ

染着力の弱い紫根で染め上げることは並大抵のことでなく、おそらく紙を板の上に延べて染液を何度も刷毛で引く方法と、紙の漉き返し技法を組み合わせてつくられたものと考える（傍線は筆者）。

という興味深いことを書かれています[5]。すなわち、ムラサキで染着した紙を離解（繊維をばらばらに）して、再びムラサキを加え漉き上げるという手間のかかる技術が用いられたのではないかと推測されています。もし漉き返しの技術が使われていたとすると、奈良時代に、反故紙で漉き返し紙が作られていた可能性が高くなります。

私の個人的な判断としては、破損した紫紙の断面に、染色されていない繊維が観察されたということを書いておられるので、いまのところは吉岡説が有利かと思いますが、いずれの説も実証されていないので、今後の課題でしょう。

話が少しずれますが、私の参加している日本・紙アカデミーの会員であるY氏は、この紫紙を再現すべく研究を続けられています。ところが、染料の紫根を取るムラサキが、かつてはどこにでも自生していたのに、今は絶滅寸前だということで、研究材料の入手が難しくなってきているという別の困難が立ちふさがっていると話されていました。考えさせられる話です。

同じ日本・紙アカデミーの会員である静岡市（旧清水市）在住の歯科医福島久幸氏は、紫紙金字金光明最勝王経の復元をされ、その見本品の一部を私も頂戴しました。その復元が、古代の方法をトレースしているかどうかの判断は今後専門家にゆだねるとして、実に見事なものです(6)。

参考資料

（1）小葉田ら編『日本史辞典』泰西社、一九五九年
（2）大塚、小林、熊野編『日本古墳大辞典』東京堂出版、一九八九年
（3）『蘇った古代の木乃伊』小学館、一九九八年
（4）吉岡幸雄『日本の色を染める』岩波書店、二〇〇二年
（5）有田良雄「日本の紙の話［古代］（5）写経（その2）」『紙パルプ技術タイムス』一九九四年一月号、テックタイムス社
（6）福島久幸「天平金泥教典の紙質について」講演要旨集『第一回日本・紙アカデミー東京リサーチフォーラム―伝統と現代―』二〇〇三年十一月四日

第二章

紙を漉き返す

第8話 小野小町は脱墨の名人

よく知られているように、小野小町は平安時代前期（九世紀中頃）の女流歌人で、その容姿の美しさと優れた才能から、多くの女官中、比類なしと称されたといいます。

小野小町にちなんだ能に「草子洗小町《そうしあらいこまち》」という演目があります（観世《かんぜ》流と金春《こんぱる》流は「草子洗小町」、宝《ほう》生《しょう》流は「草紙洗」、金剛《こんごう》流は「双紙洗」、喜多《きた》流は「草紙洗小町」）（図13）。この演目は今日も結構演じられているようですが、実は「草子洗小町」という能は紙から墨を抜く、すなわち脱墨の話が主題となっているので紹介させていただきます。

作者は観阿彌清次《かんあみきよつぐ》ともいわれています。

小野小町（葛飾北斎画）

登場人物の主役は、小野小町（シテ）と大伴黒主《おおとものくろぬし》（ワキ）ですが、全くの創作だとのことです。

明日の帝《みかど》の前での歌合せ、大伴黒主の相手は小野小町、とてもかなわないと思った黒主は一計を案じた。小町の屋敷に忍び入り、小町の歌を盗み聞きする。それを古《いにしえ》の歌集（万葉集）に書き入れておいて、小町が歌を披露した後に、その歌は古の歌集に読人不詳《よみびとしらず》として載っているとその歌集を差し出した。小町は窮地に陥るが、よく見ると文字の書き方も乱雑で、墨のつき方も違っている。そこでその歌集を洗ってみた

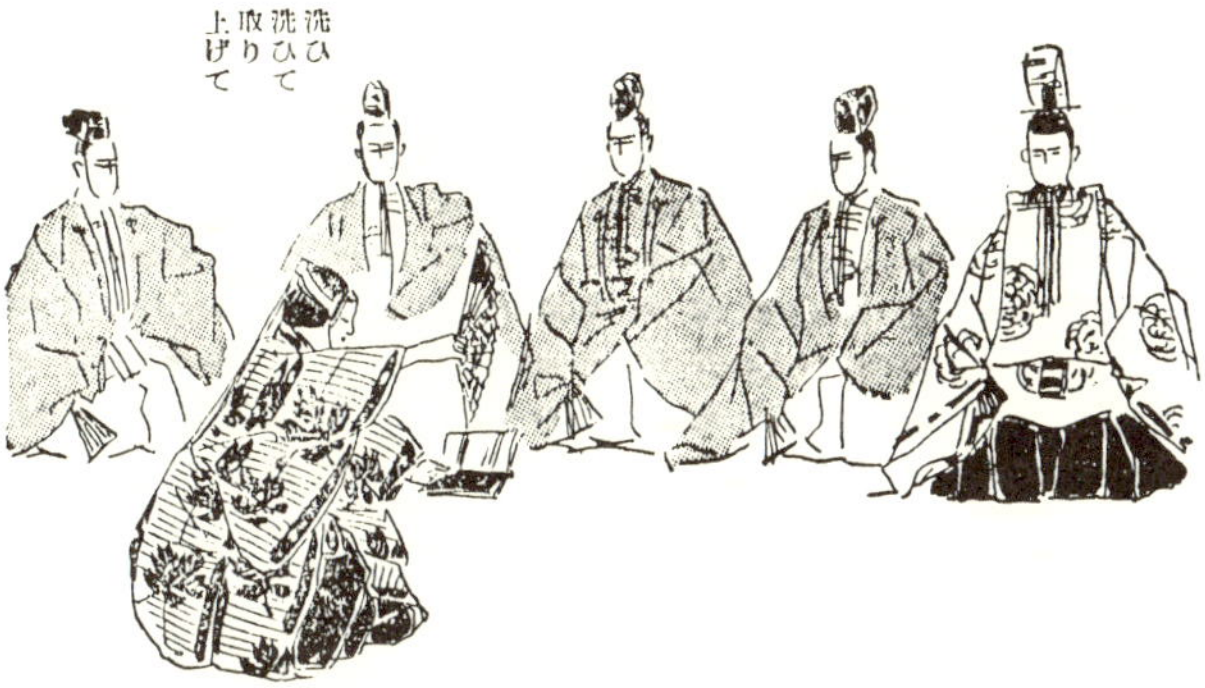

図13　能楽「草子洗小町」

いと、帝に申し出た。

住吉の、久しき松を洗ひては岸に寄する白波をさつとかけて洗はん。洗ひ洗ひて取り上げて、見れば不思議やこはいかに。数々のその歌の、作者も題も文字の形も少しも乱るる事もなく、入筆《いれふで》なれば浮草の、文字は一字も、残らで消えにけり。

と、歌集を洗ったところ、黒主が書き込んだ歌が一字残らず洗い出されて、小野小町の名誉が回復するという、筋としては曲折のない話です[1]。

作者とされる観阿彌清次は一三三三年生まれですから、作品はおよそ南北朝時代の一四世紀後半頃のものと思われます。すなわち、小野小町が生きていた時代から約五〇〇年後に創作されたということです。

この話にあるように、いくら前日に書き込んだ筆跡でも洗えば文字がすべて流れてしまうということはないでしょうが、古い筆跡と新しい筆跡では墨の抜け具合が違うということはあります。現在行われている新聞紙の脱墨の場合でも、時間が経った古い新聞紙ほど脱墨しにくくなります。古の墨においても同じようなことがあったのでしょう。

女性として初めて文化勲章を受章した日本画家の上村松園（一八七五―一九四九）にも、「草紙洗小町」と題する著名な絵があり

図14　小野小町双紙洗の水遺跡の碑

ます。また、私が住んでいる近くの京都府立植物園に植えられている椿の中に「草紙洗」という名がつけられた椿がありました。

　京都市上京区にある一條戻り橋（堀川通り一条）を少し東へ入ったところに、〝小野小町雙紙洗の水遺跡〟という小さな碑が建っています（図14）。いつ頃に伝説化して建てられたのでしょうか。小野小町という人は、よほど人気のある人のようです。

参考資料

（1）　野上編『註解　謡曲全集　巻三』「草子洗」中央公論社、一九八四年

第9話

帝のご意向は漉き返し紙で

時は一四世紀の前半、元弘《げんこう》三年（一三三三）に鎌倉幕府が滅び、後に南北朝時代といわれ、皇統が二派に分かれて争われた時代に、後醍醐天皇は激しい個性をもって天皇親政の復活を図っていました。『二条河原落書』(1)に、「此比都ニハヤル物。《コノゴロ》」として「夜討、強盗、謀綸旨《にせりんし》。（以下略）」と揶揄《やゆ》されるほど綸旨を濫発して、自らの政治思想の実現を目指したのです。

「綸旨《りんし・りんじ》」とは、天皇直属の側近である蔵人《くろうど》が、勅命を受けて出す指令で、平安時代の中頃から始まったようです。「綸旨」を現代風にわかり易くいうと、天皇がこうおっしゃったとかこう判断されたとかいうことを、側近の蔵人が書いて、利害関係者に出した文書です（図15）。

「綸旨」にはどういうわけか、更《さら》の料紙を使用せずに漉き返した紙（宿紙《しゅくし》）が用いられました。博物館で展覧されている中世の文書のなかで、ねずみ色をした一枚ものの文書は、多くは「綸旨」です。「綸旨」に用いられた紙を「綸旨紙《りんしがみ》」と呼んでいます。

ちょっと話がこみいるのですが、同じような文書で、天皇の勅旨によって蔵人が作成した文書に、叙位・任官を太政官の上卿《しょうけい》にあてた文書の「口宣《くぜん》」と、太政官を経ずに直接当事者に送られた文書の「口宣案《くぜんあん》」があり、ともに漉き返し紙が用いられました。

似たような文書で、「院宣《いんぜん》」というものがあります。「院宣」は、天皇を退位した上皇（院）が自分の側近である「院司《いんじ》」に発行させる文書です。「院宣」には、漉き返し紙を用いたものと、普通の料紙を用

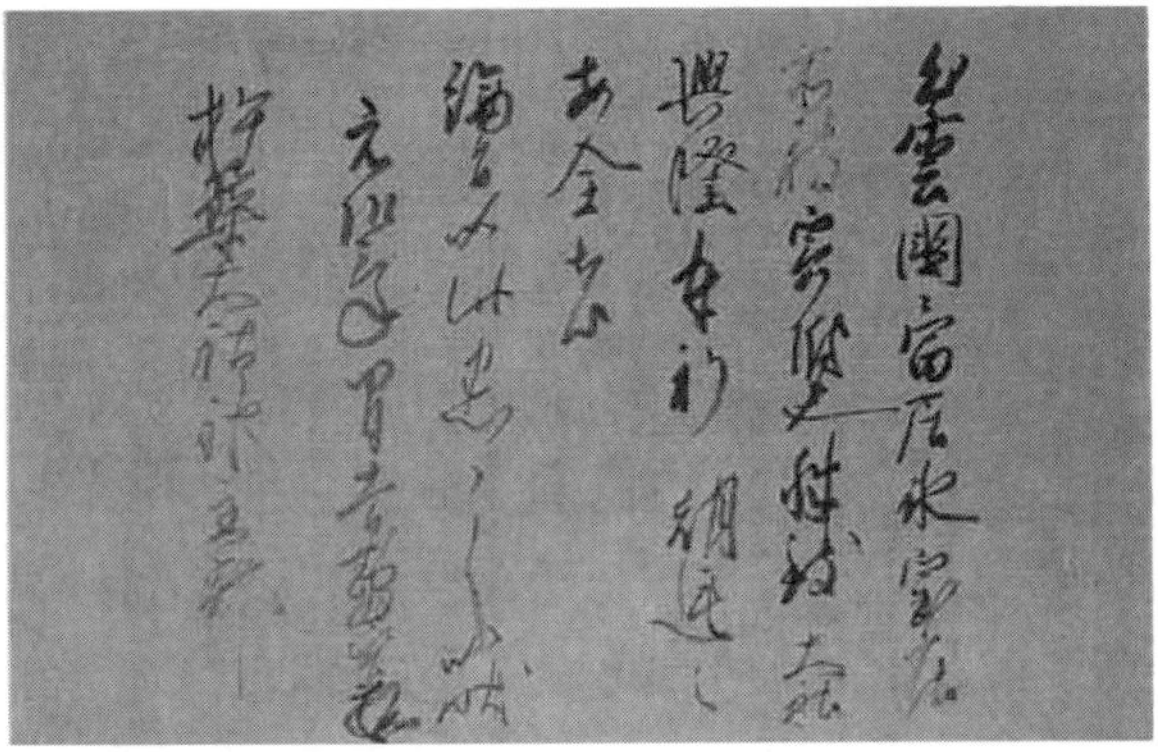
図15　後醍醐天皇綸旨

いたものの両方があったようです。

なぜ「綸旨」に漉き返し紙が用いられるようになったのかということは、はっきりとわかっていないようです。私は次のように推察しています。

紙には、書く、包む、飾る、補う、着る、結ぶ、拭く、隠すなど、さまざまな機能を持たせることができます。当初は、書写（書く）のための用途が中心だったと思われます。六世紀中頃に伝来した仏教が、七世紀に入って国家の保護を受けてますます興隆し、多くの経典を必要としたこと、また、この頃から国の体制（律令体制）が整備され、より多くの文書（例えば戸籍、計帳や地方との連絡用など）が用いられるようになってきたことで、紙の需要が増加してきたことと思われます。このような紙の需要の増加に対処すべく、まず国によって官立の製紙機関や設備が整備されてきたと推定されます。「紙屋院《かみやいん・かんやいん（しおくいん）》」とよばれていました。

さらに横道にそれるのですが、ここで「紙屋院」の成り立ちと衰退について簡単に触れておきたいと思います。

平安時代中期の延長五年（九二七）に撰上された法典『延喜式』に、式部省の図書寮《ずしょりょう》紙屋院に関わる詳細な記載が見られます。(2) それ以前にも、大宝《たいほう》元年（七〇一）に制定された「大宝律令」には、「図書寮」を置いて政府文書の保管と国史の編纂を行うことが定めら

図16　紙屋川
（北野神社付近）

れ、直属の造紙所が置かれたことが、『令集解《りょうのしゅうげ》』大同三年官符(3)より推定されます（『令集解』におさめられている記述が「大宝律令」の注釈になっているため）。また、「正倉院文書」にも神亀《じんき》五年（七二八）の「写経料紙帳」に「紙屋紙」という名前が現れます。(4)その後の「正倉院文書」に、天平宝字二年（七五八）六月「写千巻経所銭并衣紙等下充帳」や同年八月「金剛般若経等料紙納帳」すなわち写経のために使う紙の出し入れの記録に、「紙屋作の紙」とあります。(5)以上のことから官営で紙をつくる所を「紙屋」といっていたようです。(6)

京都の市街地の西方に紙屋川《かみやがわ》という川が流れていますが（図16、第十三話参照）、平安時代に入ってから、紙屋院がこの川の水を利用して紙を漉いていたので名づけられたのだろうと考えられています。

平安時代中期くらいになると、中央（京《みやこ》）にはどんどん文書が集まってきていて、不用な紙を処理しないといけないというような状況があったのではないかと推測されています。また通説では、紙漉きの技術が、奈良時代末から平安時代初期にかけて、地方に流出していったために、紙の原料である楮《こうぞ》などが、興隆した地方製紙所での需要が増えたせいで、京への集積が難しくなってきたため、紙屋院では、漉き返し紙を中心とする紙を作るようになったともいわれています。

主題に戻って、なぜ「綸旨」に漉き返し紙が用いられるようになったのでしょうか。

もともと「綸旨」は、天皇の意向を文書で伝えるという役割があります。そこであらかじめ蔵人所《くろうどどころ》（天皇の側近の蔵人が勤める役所）で、その内容を下書きしていたために、貴重なさらの料紙を使用せずに、漉き返し紙を使用していたのが、やがてそのまま外に出るようになり、やがては「綸旨」は「綸旨紙」（漉き返し紙）で、となったのではないかと考えています。

綸旨のような重要な文書には案文《あんもん》（正文に対し、ほぼ同時期に作成された写し）が作成されました。綸旨の正文《せいもん》（正式の文書）の多くは宿紙が用いられましたが一部白紙も用いられたのに対し、案文では宿紙が用いられたことはないようです。もちろん案文は、もらった人が作成することもありますが、蔵人所で正文といっしょに作成されても、宿紙を用いてなかったようです。[7]

綸旨は、もともと〝勅旨《ちょくし》〟ではなく、裏向きの用であるという意識があったために、漉き返し紙を使用したのではないかとも思われます。もう一つの考えとして、当時の上層階級を支配していた陰陽《おんみょう》思想によって、漉き返し紙を使用することで陰の部分の役割を受け持つという思考があったのではないかとも考えられます。

「綸旨紙」（宿紙）は、紙屋院で作られていたと伝えられています。単に紙を作る材料が入手できなくなってきて、反故紙を用いないといけなくなるほど落ちぶれたという説もありますが、私は右に述べたようにもうすこし積極的な意味あいを持たせたいと思っています。

二〇〇四年十月に京都醍醐寺霊宝館で開催された「和紙に見る日本文化―醍醐寺史料の世界―」展において、正文としては現存最古の天喜《てんき》二年（一〇五四）の後冷泉《ごれいぜい》天皇（一〇四五―一〇六八年在位）の綸旨が展示されていました。[8] この文書は一見さらの料紙に書かれているように見えましたが、漉き返し紙であるとの説明がなされていました。このことからも、綸旨はもともと漉き返し紙を使うものであって、だんだんと墨の残ったねずみ色をした紙が用いられるようになったということが考えられるのではないでしょうか。

参考資料

（1）塙保己一編纂『群書類従 雑部』「建武年間記」、群書類従完成会、一九八〇年
（2）黒板編『新訂増補 国史大系 延喜式 中篇』吉川弘文館、一九八一年
（3）黒板編『新訂増補 国史大系 令集解 前編』吉川弘文館、一九六六年
（4）東京大学史料編纂所編『大日本古文書（編年）第一巻』東京大学出版会、一九六八年
（5）東京大学史料編纂所編『大日本古文書 一三』東京大学出版会、一九二〇年
（6）有田良雄「日本の紙の話［古代］（6）写経（その3）」『紙パルプ技術タイムス』一九九四年四月号、テックタイムス社
（7）上島有『東寺・東寺文書の研究』思文閣出版、一九九八年
（8）永村眞監修『和紙に見る日本の文化―醍醐寺史料の世界―』図録 二〇〇四年

第10話

自壊を招いた「綸旨」濫発
―異形の王　後醍醐天皇―

中世史家網野善彦氏の著書のなかに『異形の王権』があります[1]。この著書の主題は、後醍醐《ごだいご》天皇です（図17）。

後醍醐天皇は、私が高校時代に買った古い歴史辞典[2]によれば、

一二八八〜一三三九　鎌倉末・南北朝初期の天皇（一三一八〜三九）。後宇多《ごうだ》天皇の皇子。名は尊治。古代的な天皇親政を復活しようとして倒幕を計画、正中・元弘両度の変に失敗、隠岐に流されたが、ついに鎌倉幕府を倒して建武の中興を実現。足利尊氏の離反により吉野に遷幸、南北朝内乱となり、失意の中に没す。

とあります。ここでいう「建武《けんむ》の中興」は、現在は「建武の新政」と呼ばれるようです。

第九話でも書きましたが、後醍醐天皇は、古き時代にみるような、天皇が強い権力をもった天皇親政の世の中を作ろうとしたようです。後醍醐天皇は、自らの理想とする社会を実現するために、濫発といえるほど「綸旨《りんし》」を出しました。そのせいか、今も多くの後醍醐天皇の綸旨が残されています。

一九九七年に、島根県は東京、大阪そして地元松江で、「出雲古代文化展」という大きな展覧会を催しましたが、この展覧会は、歴史好きの私にとって、とても興味のあるものでした。その中で、本書に関わる漉き返し紙についていえば、後醍醐天皇の「綸旨紙」が四点出展されていました[3]。後醍醐天皇は、元弘二年（一三三二）に隠岐に配流《はいる》されましたが、その地においても活動を続けたのでしょうか。島根

県には何枚かの後醍醐天皇の「綸旨」が残っているようです。

さて、出展された四点の「綸旨紙」を見ていると、おもしろいことに気がつきました。もちろん「綸旨」に書いてある内容は私にはさっぱりわかりませんから、歴史的な考察ではなく、「綸旨紙」を外観から考察したおもしろさです。

「綸旨紙」は、第九話で記しましたように、漉き返し紙（宿紙《しゅくし》《すくし》）を用いて、天皇の命を受け蔵人所から出すというのがルールになっています。ところが、この展覧会で出展された四点のうち「後醍醐天皇宸《しん》翰《かん》宝剣代綸旨」（伯耆《ほうき》国船上山から、杵築《きづき》大社《おおやしろ》「出雲大社」に対して大社宝剣のうち一振《ひとふり》を天叢雲剣《あめのむらくものつるぎ》として差し出すよう命じたもの。出雲大社蔵）は、署名では蔵人頭の「左中将」（花押《かおう》）となっていますが、古くからの研究では後醍醐天皇が自ら書いた宸筆《しんぴつ》とされています。しかもこの「綸旨」はどう見ても漉き返し紙には見えません。ということは、先ほど書いた「綸旨」のルールから二重に逸脱（漉き返し紙を使っていない。自らが書いている）しているということです（図18）。

さらに「後醍醐天皇王道再興綸旨」（逆臣が武力により退けられるように祈祷するよう杵築大社神主に命じたもの。出雲大社蔵）も漉き返し紙が用いられていません。

図17　後醍醐天皇（異形な密教の法服姿）

「後醍醐天皇富庄氷室庄御寄進綸旨」（領地の寄進があったことを認めたもの。出雲大社蔵）は一見漉き返し紙を用いているように見えましたが、よく見ると普通の料紙を作る際に、わざわざ少し墨を混じてねずみ色にして、宿紙を装っているようです。結局四点のうちの一点「後醍醐天皇兵革御所綸旨」（戦勝を祈るよう杵築大社国造に命じたもの。出雲大社蔵）のみが「綸旨」の体裁を整えたものだといえそうでした。

図18　後醍醐天皇の「宸翰宝剣代綸旨」（ルール逸脱）

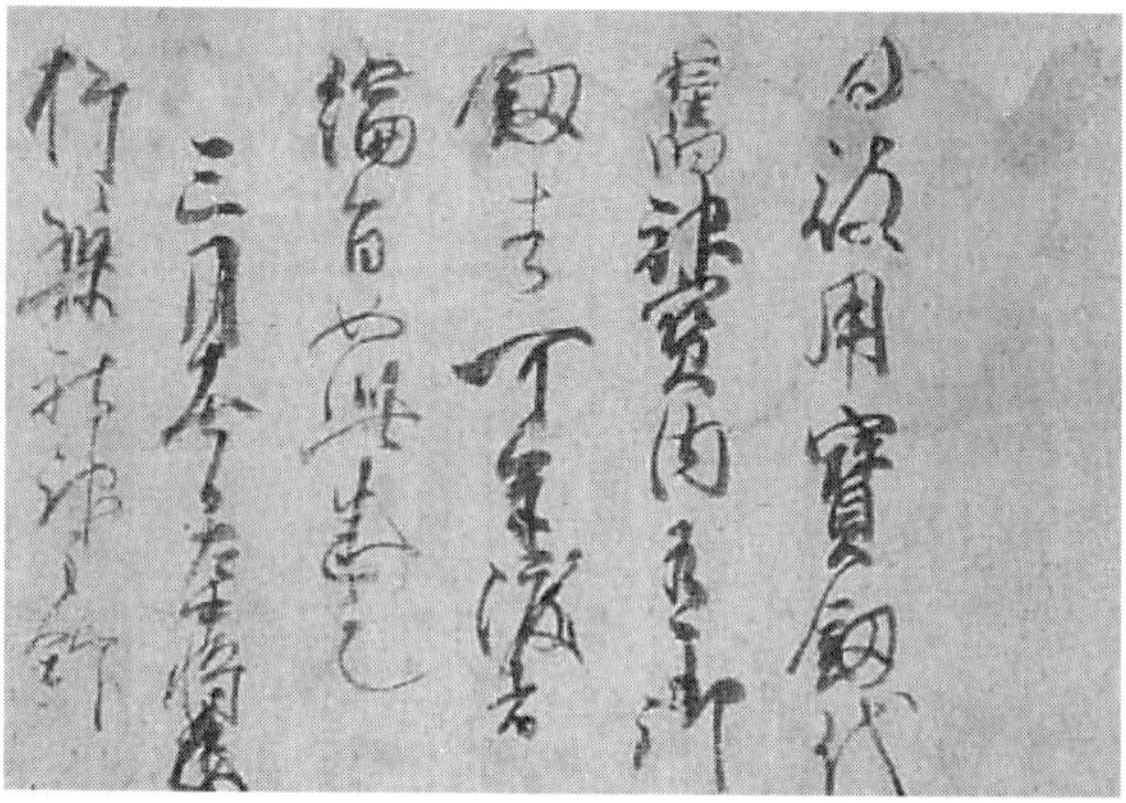

なぜこのような型破りな「綸旨紙」が用いられたのかを考えるのも、歴史の勉強をする楽しみのひとつです。私は以下のように考えました。

私は第一印象として、後醍醐天皇の強烈なバイタリティを感じました。網野善彦氏は、後醍醐天皇を称して「異形の王」としましたが、まさにその通りだったろうと思います。

さて、後醍醐天皇がなぜこのようなルールを逸脱した「綸旨」を多く残したのかを考えてみますと、第一に、配流された隠岐島から脱出した直後には、都にいたときのような整った政治組織があったとは考えられないということです。その二には、これら四点の「綸旨」は京より遠く離れた地で作成されたことが知られ、その地は、後に出雲和紙・石州《せきしゅう》和紙と呼ばれるすばらしい紙を産出しましたが（現在もその伝統は引き継がれている）、後醍醐天皇の時代は、製紙技術も劣っていたり、紙を漉き返すほどの反故紙も集まらず、その必要性も知識もなかったのではないでしょうか。

「綸旨」のために、宿紙（宿紙という語は、源経頼《つねより》の日記『左《さ》経記《けいき》』の長元四年（一〇三一）十月一日の条に初めてでてくるそうです）を作れと命令され、とまどっている紙漉き人の顔が浮かんでくるようです。

私の勝手な想像かも知れませんが、残された紙を外観から観察するだけで、その時代の背景まで読み取れるのではないかと思いました。

島根県平田市の鰐淵寺《がくえんじ》には元弘二年（一三三二）八月十九日付の、隠岐の行在所《あんざいしょ》より発せられた北条氏討滅・京都奪回を祈願した後醍醐天皇の願文（鰐淵寺文書）があります。この文書を紹介した井上良信氏は、その説明に「非常に粗末な紙に記されている」と記述されていますが、漉き返し紙であるかどうかは、実見していないのでわかりません(4)。

後醍醐天皇は、ようやく元弘三年（一三三三）、鎌倉幕府の崩壊とともに帰洛をはたしました。世にいう「建武の新政」（「建武の中興」）です。しかし後醍醐天皇は、自らの理想の社会を作る手段として「綸旨」を濫発したのですが、京都に還御《かんぎょ》後にはその濫発した「綸旨」の始末に追われました。そのために「記録所」「雑訴《ざっそ》決断所」などの機関を設けるはめになったのです(5)。このことが、後醍醐天皇への不信を増幅しました。それが遂には京を去り、吉野での執政になってしまう一因になったともいえるのではないでしょうか。

参考資料

（1）網野善彦『異形の王権』平凡社、一九九三年

（2）小葉田ら編『日本史辞典』泰西社、一九五九年

（3）島根県教育委員会・朝日新聞社編『古代出雲文化展』図録 一九九七年

（4）井上良信『南北朝の内乱』評論社、一九八七年

（5）飯倉晴武「後醍醐天皇と綸旨」『日本中世の政治と文化』一九一頁、吉川弘文館、一九八〇年

第11話

にせの「綸旨」を見破る

第十話に書いたように、後醍醐天皇（一三一八〜三九年在位）は、「綸旨」を濫発し、またそれに便乗して「ニセ綸旨」も横行したようです。しかし、実際にはどのような〝ニセモノ〟があったのか、私は見たことがありません。

ここに紹介するものは、江戸時代のものですが、明らかにニセ綸旨です。いわく「二条天皇綸旨（偽作）」（図19）。

さて、古文書は、内容が読めない私にとっては、さっぱり面白くない存在でした。絵巻物なども、絵の部分を見て、きれいだとか、面白い絵だくらいのものでした。

一九九六年、京都と東京の国立博物館で開催された「中世の貴族」展は、国学院大学を中心にして行われた重要文化財である侯爵久我《こが》家に伝えられた膨大な文書類「久我家文書《こがけもんじょ》」の修復完成を記念して、特別展覧されたものです。「久我家文書」とは、展覧カタログによると、「元侯爵久我家に伝来した平安末期から明治時代までの数千点に上る貴重な公家文書」とのことです[1]。この展覧会では、多数の古文書が展示されていました。私は当時、すでに漉き返し紙に興味を持ち始めていましたので、なにか漉き返し紙が展示されていないかと出かけました。幸いなことに、二〇点の漉き返し紙に出会うことができました。二〇点の内訳は、一九点が綸旨《りんし》、一点が院宣《いんぜん》（退位した天皇の側近が命を受けて出す公文書。第九話参照）でした。第十話で紹介した後醍醐天皇の綸旨が、極めて短期間のものであるのに対し、ここ

図19　二条天皇綸旨（偽作）

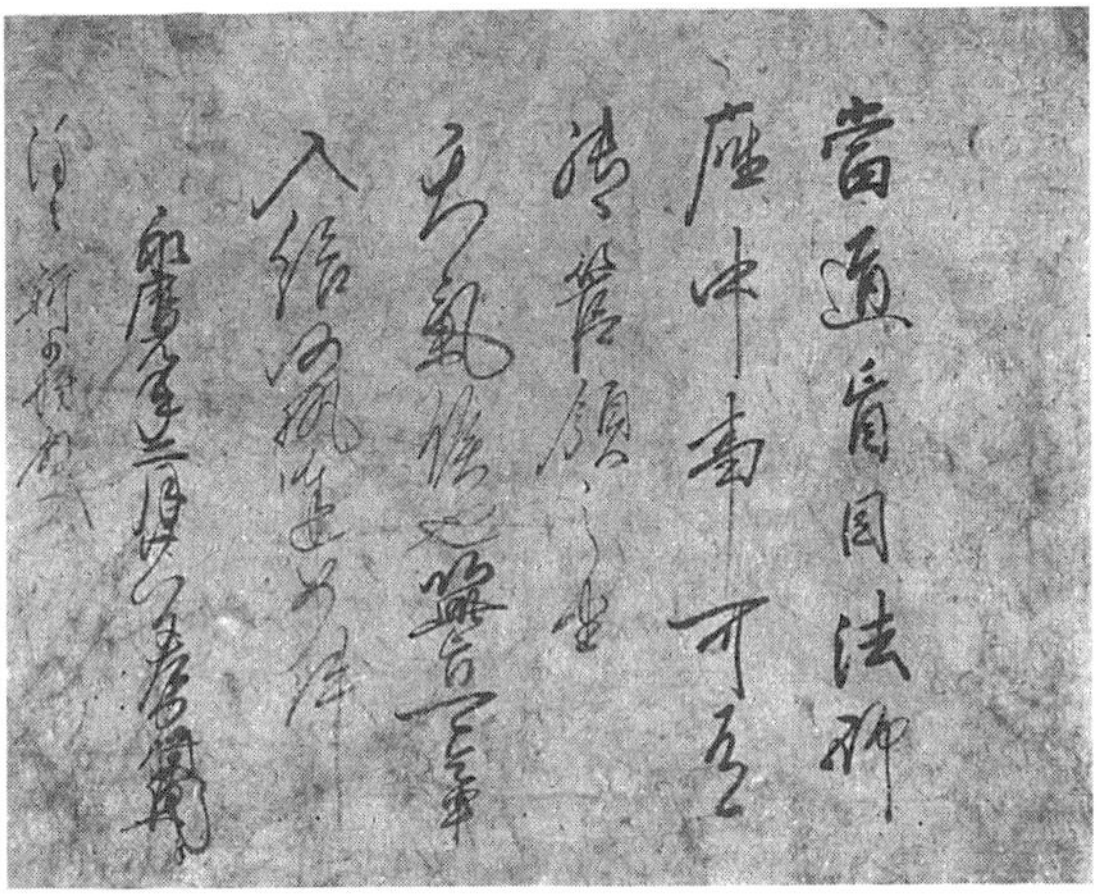

で出展された綸旨や院宣は鎌倉末の元徳二年（一三三〇）「後醍醐天皇綸旨」より、室町後期の天文《てんぶん》三年（一五三四）「後奈良天皇綸旨」にわたる一九点と、江戸時代の偽作である「二条天皇綸旨」の一点でした。偽作は別にして、これらの綸旨は約二〇〇年間に発せられたもので、綸旨紙を見ているだけでもその変遷がたどれるのではないかと思わせるほど、興味深いものでした。

私は図録を買って、「宿紙」と記されている漉き返し紙を一点ずつ、丁寧にその紙質を観察しました。その中で、色は薄ねずみ色をしているのですが、どう見ても漉き返し紙とは見えない「綸旨紙」（「二条天皇綸旨」）がありました。私は展覧図録の「二条天皇綸旨」説明文の（宿紙）には「?」マークを入れ、さらに「墨を入れ染色した紙?」というメモを書き入れました。これはどう見ても、紙を漉いたときに、わざわざ墨を混入したとしか見えなかったからです。漉き返したときに残る墨と、わざわざ紙を漉くときにいれる墨では、そのあり方が違うからです。

さてこの「二条天皇綸旨」は、現在の歴史研究者によって江戸時代の偽作であると判定されていたものでした。ではなぜそのようなニセ綸旨が作成されたのでしょうか。

図20　當道職屋敷跡

今回公開された膨大な文書類を伝えた侯爵久我《こが》家は、中高年の方ならよくご存知の女優の久我美子《くがよしこ》さんのお家です。久我美子さんは本名を「こがはるこ」というそうです。この久我家は、村上天皇（九二六〜九六七年）の皇子具平《ともひら》親王の子で、寛仁《かんにん》四年（一〇二〇）臣籍に下り、源姓を賜姓された師房《もろふさ》を祖とする村上源氏の一族です。

久我家は、他の貴族にはない特権を持っていました。当《とう》道《どう》座《ざ》の管領職です。当道座とは、琵琶によって平家物語を語る盲目の法師たちの座であり、久我家はこれを支配していたのです。

「二条天皇綸旨」には、二条天皇（一一四三〜一一六五年）が永暦《えいりゃく》元年（一一六〇）に、当道盲目法師座を久我家が管領するようにと命じた仰せを伝達する由が書かれているとのことです。しかし、歴史学の検討から、この当時はまだ当道座が成立していないことが明らかなために、この文書が後世の偽作であることが判明しました。ではなぜこのような公文書を偽造したのかというと、江戸時代前期の明暦《めいれき》〜寛文年間（一六五五〜一六七二年）に、久我家が当道座中といさかいを起こし、自らの既得権を主張するために作成したらしいのです。

私は、全く以上のような事情を知らず、この綸旨紙を見たときの印象をカタログに記入していたのです。すなわち、私はこの綸旨紙を見た第一印象で宿紙（漉き返し紙）であることを疑っていたのです。この「二条天皇綸旨」を、展示されている他の綸旨紙と比較すればその紙質の差は歴然としていました。「二条天皇綸旨」は墨が不均質（水雲状）に残っていますが、他の綸旨紙はチリや未離解分が多く漉き返し紙の様を呈しているのです。

綸旨紙そのものの変遷について研究が進まないとはっきりいえないのですが、永暦元年（一一六〇）という古い時代に、墨で染色していた綸旨紙が製作されていなかったことが明らかになれば、製紙史の上からも、この綸旨紙が偽作であることが裏付けられることになります。

ちょっとしたことですが、自分で疑問を発し、その疑問に回答ができたと感じることは大きな喜びです。

京都市下京区仏光寺通東洞院東入るに、當道（当道）職屋敷跡があります（図20）。また、柳川《やながわ》流三味線の古典の伝承・保存を行っている社団法人京都當道会という会、[3] 箏《こと》・三絃《さんげん》を職とする全国団体としての社団法人当道音楽会という団体が、[4] 形を変えて「當道」の名を今に残しています。

さすがに京都には、いろいろな歴史が残っているものだと実感しました。

参考資料

（1） 国学院大学、特別展覧カタログ『中世の貴族』一九九六年
（2） 今江廣道、一九九六年五月一八日講演レジュメ「久我家と当道座」および文献（1）
（3） http://web.kyoto-inet.or.jp/people/michi_t/
（4） http://www.todo-ongakukai.or.jp

第12話

「正倉院文書」と漉き返し

大仏さんで有名な奈良東大寺に、正倉院という宝庫があることはよく知られています（図21）。

正倉院には、光明皇后が聖武天皇の七七忌（四十九日）にあたって大仏に献上した天皇遺愛の品や大仏開眼供養に用いられた調度・仏具など天平文化の粋を示す品々を中心に一万件近い文物が納められているとのことです。

その中に「正倉院文書」と総称される奈良時代の古文書類が一万数千点あります。表文書（第一文書）の多くが、戸籍、計帳、正税帳、計会帳《けいかい》、その他公文書類などです（第二十一話でその一つの「下総国葛飾郡大島郷」の戸籍について紹介します）。用済みになった公文書類は、東大寺写経所に持ち込まれ裏が使われています（裏の文書を「紙背文書《しはいもんじょ》」という。第二文書）。多くは今日でいうと、写経に関連した帳簿的な事務文書です。いずれの文書も、奈良時代の社会や律令政治の仕組み・運営などの様子の一端について教えてくれる貴重なものです[1]。

寿岳文章氏は正倉院文書に、〝本古紙〟（天平宝字四年［七六〇］）、〝本久紙〟（天平宝字六年［七六二］）という用語の記載が認められることを報告されています[2]。笹沢琢自氏は「〝ほご〟〝ほぐ〟の意味とも読めなくないが、この紙が何なのかは確認できない。字義からいえば「古」は「故」でないから、使い終わった旧紙の紙背の利用や漉き返しと見ることはおそらく難しい。たんに〝古い紙〟と理解しておいた方がよさそうである」と極めて慎重に解釈されています[3]。

図21　東大寺正倉院の宝庫

しかし、正倉院文書に現れる紙を詳細に分析された有田良雄氏は、「本古紙は金箔保存用の台紙に使ったもので、〝もと古紙〟つまり漉き返しの再生紙であったと思う」と推測されています[4]。

寿岳氏はさらに、〝本古紙〟、〝本久紙〟の他に、〝牧宿紙《ぼくしゅくし》〟という名の用語が見えることも記されています。「〝牧宿〟の〝紙〟」と読めば、地名が品名についたと考えられますが、もし「〝牧〟の〝宿紙〟」と連語されているとすると、〝牧〟という地方・場所あるいは方法で漉き返された紙と読み取れないこともなく、漉き返し紙の用例の初見となるのではないかと考えられます。今後の研究課題でしょう。

正倉院文書は、その内容については着々と研究が進んでいます[5]。しかし紙そのものの研究については、古く一九五〇年（昭和二五）から三年間、宮内庁の依嘱により、上村六郎、寿岳文章、町田誠之、大沢忍、安部栄四郎の五氏によって科学的なメスが入れられて以来絶えて聞きません[6]。

寿岳文章氏は『日本の紙』において、

宿紙、すなわち漉きがえしは、どのような事情で盛行を見たか。漉きがえしそのものは、製紙者のがわからすれば、きわめて自然な行為である。楮布《こうふ》や麻布《まふ》を原料として紙を漉くこと自体、一種の漉きがえしなのであるが、そうまで厳密に考えなくても、紙屋院に備えつけてある紙截小刀で、所定の大きさに紙を截《た》ちそろえたとき、きっとできる截ち屑の紙片を再び紙に漉き直すことは、当初から行われていたに違いない。それは私たちが、いま全国各地の漉場で見かける慣行であるから、紙屋院の紙工たちも、必ずそうしていただろうと想像される。（以下略、傍線は筆者）

と書かれています。[2]

寿岳氏は『日本の紙』の別の箇所で、

> その観点（注　溜漉《ためずき》から流漉《ながしずき》への技術転換）から興味あるのは、天平十二年（七四〇）の、遠江国浜名郡輪租帳九帳であって、この一巻は、楮の原紙を用いた当時の表装がそのまま保存されている。
> 本紙の繊維はあきらかに楮だけなのだが、漉き損じの廃紙を漉槽に投入した結果と思われるふしがあり（傍線は筆者）、そうした漉き返しをおこなうためには、粘剤を必要としたことが予想される。

と報告されています。[2]

私も、漉き返し技術は意外と早くから行われていたのではないかと推測しています。技術者なら、技術の改良を思考する方向として、同意できる考えです。ただしここで述べられていること（傍線を引いた記事）は、厳密にいえば、あくまでも〝損紙回収〟であって、故紙の〝漉き返し〟ではありません。

漉き返しとは、いったん利用に供された紙を再利用のために、再び繊維を水中に分散して、漉き直す工程です。一方損紙回収とは、利用に供される前に、紙の製造工程において発生する、湿った状態、半乾きの状態あるいは乾燥したが欠損があって使えない半製品などを、再び繊維として利用する技術です。例えば、楮《こうぞ》の場合、原木から紙の原料となるセルロース繊維が取れる歩留《ぶど》まり率は、わずかに約五・四％（生木一キログラムから紙として使用できる原料繊維は五四グラム）とされ[7]、漉き損じた繊維も貴重な資源と認識されていたことでしょう。したがって、当初は湿った状態の漉き損じの繊維を漉き槽《ぶね》に戻して紙を漉きます。その技術が習得できれば、次に半乾き状態の損紙や乾燥した損紙を丁寧に水で再度懸濁して戻す、というように次々と損紙回収技術が進歩してきたものと想像されます。

損紙回収という技術は、今日の製紙産業でも行われています。

この乾燥した損紙を戻すという技術が習得されれば、用済み故紙の再繊維化（漉き返し）が、技術思考の延長線上で発想されるのは当然と思われます。当初は比較的少量を混用して、あるいは比較的書写の少ないきれいな故紙が選ばれて利用され、だんだんと脱墨という技術に進展していったものとも考えられます。

しかし、管見によれば、正倉院文書の中に漉き返し紙があるということは聞いていません。

参考資料

（1）江上、上田、佐伯監修『日本古代史事典』大和書房、一九九三年
（2）寿岳文章『日本の紙』吉川弘文館、一九六七年
（3）笹沢琢自『日本の古紙—紙の生産流通と再生循環の構造—』私家本、一九九五年
（4）有田良雄「日本の紙の話［古代］（22）染め紙（その6）」『紙パルプ技術タイムス』一九九六年年三月号、三四頁
（5）杉本一樹「正倉院文書の原本調査」石上、加藤、山口編『古代文章論』東京大学出版会、一九九九年
（6）正倉院事務所編『正倉院の紙』日本経済新聞社、一九七〇年
（7）久保田保一「日本の和紙について」内田兼四郎編『島根県の和紙—由来と現況』一九八二年

第13話

紙屋院はどこにあったか

「紙屋院」については、第九話でかなり詳しく紹介させていただきました。奈良時代に急増した紙の需要に応じるべく、官営で設置された紙漉き場が、平安時代に入っても維持され、やがて時代とともに漉く紙も変わっていったようだということです。

奈良時代・平安時代の紙屋院が、具体的にどこにあったかはまだわかっていません。現在、京都市街地の西北、菅原道真《すがわらみちざね》をお祀《まつ》りする北野神社の西側に接して「紙屋川《かみやがわ》」という小さな川が流れています。この川の名は、平安時代に置かれた紙屋院の名に由来すると考えられます（第九話参照）。

紙文化史の研究家久米康生氏は、著書『和紙の文化史』[1]で、『山城名跡巡行志』[2]から現在の「花園大学の東南あたり、右京区花園木辻南町《はなぞのきつじみなみちょう》」説と、『雍州《ようしゅう》府志』[3]の「北野神社の西」説を紹介されています。掲載されている地図では、前者を採用されているので、こちらの説をとっておられるように思えます。私は、むしろ後者ではないかと思っています（図22[4]）。

右京区花園木辻南町は、少し西に過ぎて現紙屋川に遠く、またこの辺りは平安京では右京二条四坊一町辺りとなり、平安宮に近く、通常は高位の貴族が邸宅を営む場所です。最近の考古学調査でも、つい近くの右京一条三坊九・十町（現在の京都府立山城高等学校校地）では一町を占有すると思われる邸宅が発掘されています[5]。このような場所に工業的な施設が設置されるとは考えにくいのです。

一方北野神社の西であると、この場所は平安京域外となります。本来宮内にあったであろう抄紙場が、

図22　紙屋院推定地

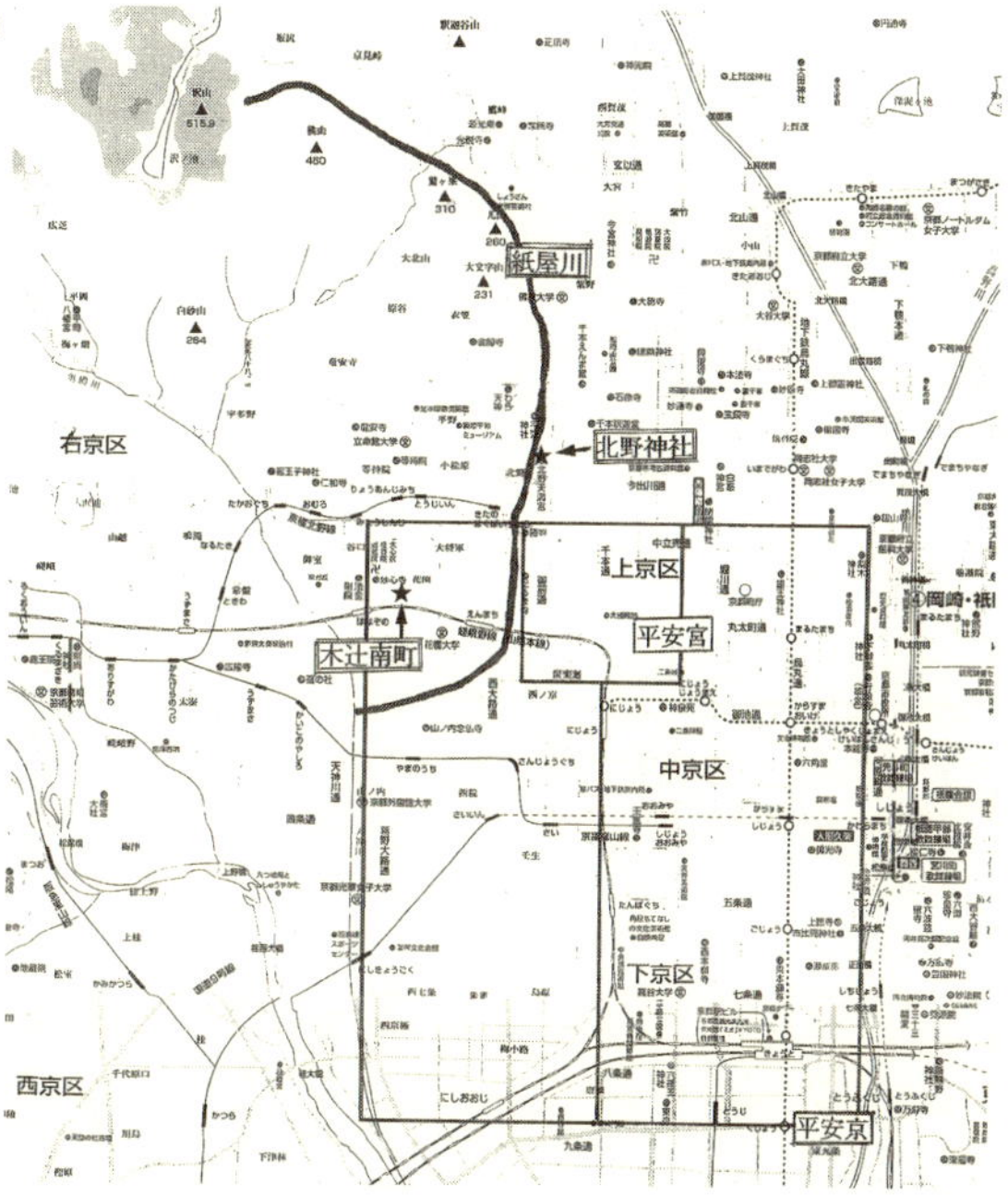

宮を出た近くの場所に紙漉き場を設置したのではないかという、私の憶測にとっても、好都合です。

文献的には、『大内裏《だいだいり》圖《ず》考證』の「紙屋院」に、

西宮記《さいきゅうき》所々曰、紙屋院、圖所別所、

在野宮東、

とあります(6)。

すなわち、図書寮《ずしょりょう》（圖所《ずしょ》）の別所として紙屋院が「野宮」の東に設置されたとあります。『西宮記』は、江戸時代に書かれた『山城名跡巡行志』『雍州府志』の二書と違い、左大臣源高明《たかあきら》が九五七〜六四年頃に編集した有職故実《ゆうそくこじつ》書で、行事・儀式・装束・制度などに関することがらが記されました（後代の追記もあるという）。明らかに紙屋院があった同時代の書であり、その記述の信憑性は高いのです。そこで、「野宮」がどこにあったかということが重要になってきます。

図23　嵯峨野宮神社

いくつかの書では、「野宮」を「ののみや」として、現在嵐山近くにある野宮《ののみや》神社（右京区嵯峨野々宮町・図23）を当てているようです。[7]しかし、源城政好氏は「野宮は斎王が選ばれるごとに占定によって造られたため、場所は必ずしも一定していない。」と書かれています。[8]平安時代の斎王《いつきのみこ》は四十五人にもなります。[9]したがって、『西宮記』にある「野宮」を、考証なしにわかに嵯峨野宮神社に当てることはできません。

『西宮記』にみる「野宮」は、朱雀天皇（九三〇―九四六年在位）あるいは村上天皇（九四六―九六七年在位）の斎王のものとみられますが、どこにあったかはわかっていません。

現状確認できるだけでも、嵯峨野宮神社のほかに、右京区西院日照町に野々宮神社、右京区嵯峨野有栖川町に斎宮《さいぐう》神社があり、野宮跡とも考えられます。

野宮は、文徳《もんとく》天皇（八五〇―五八年在位）以降は「皇城の北野」に設けられたといわれています。岩佐美代子氏は、皇城の北野を嵯峨野あたりとされていますが、[10]京都に生まれ育った私にとって、北野と嵯峨野が同じ地域だといわれることにはかなり違和感があります。

現在残っている野宮跡の候補地と紙屋院所在地の関係について少し考察したいとおもいます。

もし紙屋川が紙屋院に由来する名とすれば、嵯峨野宮神社から紙屋

図24　今に残る野宮跡(?)と紙屋院推定地

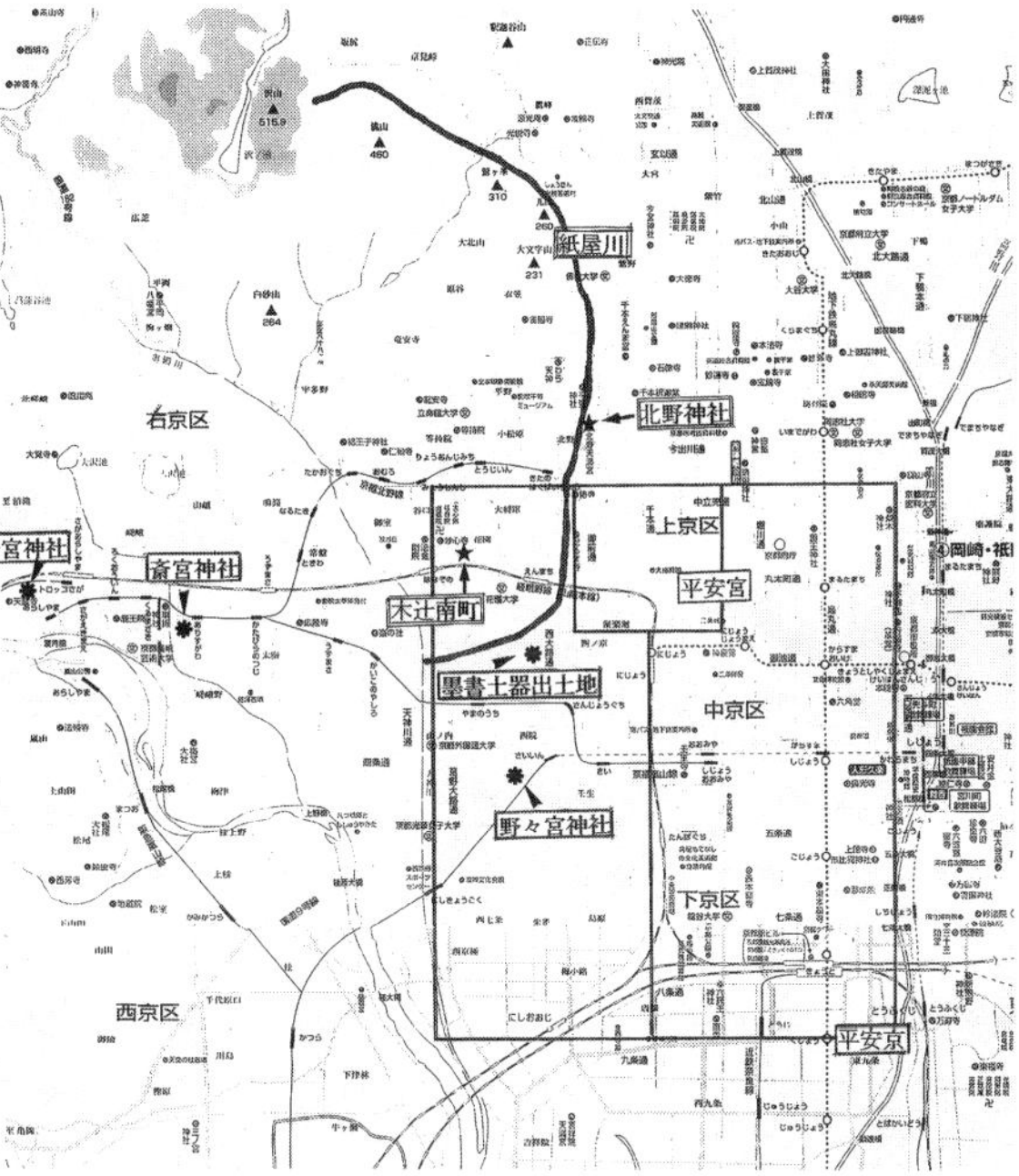

川までの直線最短距離で約四キロメートルあり、少し遠いのではないかと感じます。西院野々宮神社の近くには天神川(紙屋川の下流)が流れていますが、神社の西側になります。嵯峨野斎宮神社の側にも有栖川《ありすがわ》という川が流れていますが、神社の西にあたります。

いずれも『西宮記』のいう野宮と紙屋院の位置関係ではしっくりいきません(図24)。

嵯峨野宮《ののみや》神社、西院野々宮神社、嵯峨野斎宮神社は、おそらく「野宮」の旧跡と思われますが(ただし西院野々宮神社は平安京域内なので野宮跡ではないか野宮であっても少し時代が新しくなる可能性がある)、いずれの宮も、いずれの時代のものか明らかではありませんので、現在残っている野宮旧跡をもって紙屋院の位置を決めることはなかなか難しい課題です。

以下は、野宮と紙屋院の位置関係についての私のアイデアです。

紙屋川をはさんで北野神社のごく近くに式内名神大社《しきないみょうじんたいしゃ》平野神社があります。この平野神社が一〇世紀中頃に略称「野宮」と呼ばれていたとすると、私の推定地にとってとても都合がよいことになります。(11)いままで調べたところによると、平野神社を「野宮」と呼んだ証左は見つかっていません。

平野神社には四座祭られていますが、その中の今木大神が主神と考えられています。今木《いまき》とは「今来《いまき》」のことで、『日本書紀』雄略天皇七年条に「百済の貢《たてまつ》れる今来《いまき》の才伎《てひと》」すなわち百済から渡来した技術をもった人々とあるように、この辺りが古代の渡来技術者集団である秦氏《はたうじ》の勢力圏であったことは、秦氏が製紙集団も掌握していたという説もあり、この地で古くから紙を漉いていたとしてもありえない話ではないと考えられます。

ある時期の紙屋院が野宮近くにあったのか、紙屋川近くに別の「野宮」が存在したのか、紙屋院の位置については、今後のテーマとして残しておきたいと思います。

いずれにしても、現在はほとんど市街化されており、今後も発掘によって検出される可能性はほとんどないだろうと思われますが、一縷《いちる》の望みを残したいと思います。

参考資料

（1）久米康生『和紙の文化史』木耳社、一九九六年
（2）『新修京都叢書　二十二　扶桑京華志　山城名跡巡行志　山城名所寺社物語』臨川書店、一九七二年
（3）『新修京都叢書　十　雍州府志』土産門　下巻　七、臨川書店、一九六八年
（4）岡田英三郎「平安時代「紙屋院」の所在地に関する一考察」講演要旨集『第一回日本・紙アカデミー東京リサーチフォーラム—伝統と現代—』二〇〇三年十一月四日
（5）京都府埋蔵文化財調査研究センター講演会「第九五回文化財セミナー恭仁京跡・長岡京跡・平安京跡の最新調査成

果から」二〇〇三年二月二二日

（6）「大内裏圖考證　第三」『改訂増補故實叢書　二八巻』明治図書出版、一九九三年

（7）例えば、白石ひろ子「紙屋院」下中弘編『日本史大事典』平凡社、一九九三年

（8）源城政好「野宮神社」谷川編『日本の神々　神社と聖地　第五巻　山城・近江』白水社、一九八六年

（9）斎宮歴史資料館ホームページ：http://www.museum.pref.mie.jp/saiku/

（10）岩佐美代子『内親王ものがたり』岩波書店、二〇〇三年

（11）志賀剛『式内社の研究　第三巻　山城・河内・和泉・摂津』雄山閣、一九七七年。式内社研究会『式内社調査報告　第一巻　京・畿内』一九七九年。谷川編『日本の神々　神社と聖地　第五巻　山城・近江』白水社、一九八六年

（追記）二〇〇一年、（財）京都市埋蔵文化財研究所は、京都市立西京商業高校校地内の調査で、「斎宮」「斎雑所」と書かれた墨書土器を発見した。この場所は平安京右京三条二坊十六町の地点であり、野宮というより斎王がその直前に居住していた住居と推定される（（財）京都市埋蔵文化財研究所・京都市考古資料館『リーフレット京都』一五六「斎宮の邸宅」二〇〇一年十二月）。また最近、京都市右京区嵯峨釈迦堂（清涼寺）門前に、「愛宕・野々宮両御旅所」という所があることを知った。また、平安時代初期（嵯峨天皇のとき）には、伊勢神宮の斎王（斎宮）とは別に、加茂社に奉仕する加茂斎院の制度が始まった（有名な京都の葵祭の斎王代は、この加茂斎王をイメージして、昭和三十一年［一九五六］に行列に加えられたもの）。この加茂斎王にも野宮が設けられたとの考えもある。野宮についてはまだまだ探求することが多いと思う。

第14話

紙漉きと菅原道真

北野神社（北野天満宮）は、よく知られているように、天暦《てんりゃく》元年（九四七）菅原道真の霊を慰めるために創建されました。今日では、「天神さん」と呼ばれ、学問の神様として信仰を集めています。またこの辺りは、古くから古代の雄族秦氏《はたうじ》が盤居していた土地でもあります。秦一族は、元来技術者集団としてその勢威を誇っていたといわれています[1]。

平安期、紙屋川を利用した紙屋院での官業としての紙の生産は、地方における紙の生産増大とともに、原料の入手にも困難をきたし、料紙の生産が難しくなってきたようです。そこで紙屋院は、政治の中心地（京）には文書が集まり、やがてその文書が大量に不用になるという特質を生かした、反故紙を原料とする再生紙の生産に活路を見出していったと思われます。

さらに後代には、紙屋院の紙漉きが移住し、西洞院川《にしのとういんがわ》を利用して営まれたと思われる西洞院紙《にしのとういんがみ》という再生紙を近年まで生産し続けていたようです。

京都市下京区西洞院通松原下る西側に、五條天神宮という神社があります。江戸後期の安永九年（一七八〇）に出版された著名な秋里《あきさと》籬島《りとう》の『都名所圖會《みやこめいしょずえ》』に、門前直ぐに西洞院川の流れている絵が描かれています[2]（図25）。

西洞院川の近辺は、川の流れを利用した染め物業などで賑わったようですが、明治三六〜三八年にかけて暗渠化されました。その上には軌道が敷かれ、市電いわゆるチンチン電車が走っていました。西洞

図25　江戸時代後期の西洞院川

院通りの下には現在も暗渠として西洞院川が流れています。

五條天神宮の少し北、西洞院通を挟んだ東側に、菅大臣《かんだいじん》神社という神社があります(図26)。この神社の説明板には、この地は菅原道真の生誕地とあります。この神社の境内には、道真の産湯の水を汲み上げた井戸の跡と称するものが残っています。私は、生誕地というのは後世の作り話で、この菅大臣神社は、北野神社周辺から移住した紙生産者集団が、北野神社から勧請《かんじょう》して創建した神社ではないかと推測しています（もともと菅大臣神社はもう少し北にある現在の北菅大臣神社《きたかんだいじん》に祀《まつ》られていたという）。穿ち過ぎでしょうか。

黒川道祐撰『雍州府志《ようしゅうふし》』は、貞享《じょうきょう》元年（一六八四）に出版された、雍州すなわち山城一国の、地理・沿革・寺社・土産《どさん》・古址《こし》・陵墓を詳記した漢文体の地誌です。

『雍州府志』では、元来禁裏《きんり》用に紙屋院で漉かれていた紙が、故紙を原料とする宿紙となり、更に時代が下ると、西洞院河辺で漉かれるようになる次第が記述してあります。

古、禁裏院中に書捨てたる反古堆盈《たいえい》、或は艶書《えんしょ》恋慕の詞《ことば》等有り。故に人之《これ》を見るを厭い、則ち之を

図26　菅大臣神社

裂き、直ちに紙師をして再び之を漉かしむ。紙を漉くは紙屋川の水を以って之を洗うこと数回、登呂呂《とろろ》（とろろあおい）根汁を合して之を漉く。登呂呂の葉ならびに花は木綿花に似て、仲秋に至りて花開く。其の水に浸す間三十五日を経る。故、紙屋川辺に宿して之を造るゆえに俗に宿紙と謂《い》う。其の紙を製する処を宿紙村と号《なづ》く。今、西洞院河辺に於いて之を造る。数遍黒汚を洗うと雖《いえど》も、猶《なお》淡墨色を帯びる。之《これ》に依りて水雲紙と号く。凡《およ》そ職事弁官万事を預かる。之に依りて筆記する者多く、故、此紙に於いて職事を遣る。雑用或は口宣案等を書き外記《げき》を遣ら使むる。外記之に因りて綸旨を檀紙に写す。世人其の案紙を見、多く誤りて薄墨綸旨と謂《い》う。

『雍州府志』には、いままで私が書いてきたような、手紙類の漉き返し、綸旨・口宣案などの話も載せられています。また、昔、紙屋川で漉かれていた紙が、現在（江戸時代中頃）では、西洞院河辺で漉かれるようになったと書かれています(3)。

禿氏祐祥氏の見聞によると、明治末年頃まで七條紙という粗悪な漉き返し紙が漉かれていたそうです(4)。暗渠化で西洞院川を失った紙漉きが、さらに南に居を移して、細々と紙を漉いていたのでしょうか。西洞院川も紙漉きには不自由のない水量があったということでしょう。

西洞院紙は、平安時代の紙屋院の伝統を継いでいるものの、江戸時代には、江戸の浅草紙《あさくさがみ》と並ぶ最下級の漉き返し紙となり、明治末年にはついに絶えてしまったということです。ということは、次の十五話で紹介する扇屋さんの古紙処理法は、西洞院紙の中でも極めて特殊なものであったのだろうかと思われます。

天神さん、紙漉き、川辺という共通項は、前十二話で私が推測した「紙屋院」が北野神社の西（平野神社の東）にあったという考えを後押ししてくれるように思えるのですが……。

参考資料
（1）佐伯編『日本古代氏族事典』雄山閣、一九九四年
（2）秋里籬島文・竹原春朝斎絵、原田幹校訂『都名所圖會』人物往来社、一九六七年
（3）『新修京都叢書　十　雍州府志』土産門　下巻　七、臨川書店、一九六八年
（4）禿氏祐祥「紙の史蹟　紙屋川」『和紙研究』第四号、一七頁、一九三九年

第15話

扇生地紙のおそるべき技術

―発酵を利用した脱墨―

前話で、西洞院《にしのとういん》川が暗渠化されて、反故紙を再生していた紙漉きたちが、さらに南に移住し、細々と紙を漉いていたのではないかというようなことを書きました。しかし、この西洞院近くでは、別にすばらしい故紙再生技術が利用されていたようです。

高尾尚忠氏の『紙の源流を尋ねて』を読み、この技術を知ってショックを受けたのを思い出します(1)。当時（一九九〇年代）、私はある化学会社で、古紙から印刷インキを除去（脱墨《だつぼく》あるいは脱インキ）し易くするための化学薬剤（脱墨剤あるいは脱インキ剤という）を売っていました。この分野で何か新しい技術がないか探していたところ、衣料用の洗剤にアルカリセルラーゼという酵素を入れると、それまで除去が難しかった黒ずんだ汚れが落ちる技術が開発され、その技術を取り入れた商品が爆発的なヒットとなりました。この技術を古紙の脱墨に応用できないかと模索したのです。脱墨とは、紙という繊維から墨という汚れを除去するという技術で、衣料という繊維から汚れを除去する洗濯と大変よく似ているからです。

それまでの機械的な方法や化学的な方法と違う、酵素という生物化学的な方法による脱墨が可能になれば、今までに無い技術が開発できるのではないかと心が躍りました。

高尾氏の著書の中に次のような記述がありました。

扇屋の作業場は板間であった。黒光りしている板面が美しく、老舗の歴史を磨き込んでいるように思われた。主人により、手漉き地張紙《じばりがみ》の作業工程の説明があった。最初に床板が取り除かれると、床下には多数の甕《かめ》が行儀よく並んでいるのが目についた。半分以上が土に埋められ安定し、中ぐらいの大きさだったと思った。

それぞれの甕の中身は、きっちりと水分を含んだ古紙で充たされていた。古紙は、用済みになった純楮漉の古文書類である。私は直観した、これが西洞院紙づくりの秘伝であると。古代発酵紙づくりの現場を見た私は、小児のような喜び様であった。

秘伝は、甕の中に培養されている酵素にあった。この酵素は先祖代々引き継がれたもので、この培養を続ける苦心談が聞かされた。ときおり、別のバクテリアが混入することがあり、墨が抜けなくなる場合があるらしい。私は、この発酵した古紙にそっと触って見た。ヌルリとした感覚であった。墨で書かれた部分が溶けかけてきた。多分、墨の膠《にかわ》が酵素の働きにより分解したのだと思った。

この話は、いつ頃のことか、高尾氏自身も「〃紙の源流を尋ねて〃の執筆を始めた頃、西洞院紙がなつかしく思い出され、それらしい扇屋を尋ねてみた。『そないな扇屋はしりまへん、三十年頃にはあるはずがおまへん』と狐につつまれたような話になった。」と書いておられます。高尾氏がご覧になったのは、恐らく昭和三十年前後の頃であろうかとおもわれるのです。

私も気になるので、その辺りの扇子屋さんについて調べました。一軒は、西洞院通の二筋西へ行った、西本願寺近くの油小路《あぶらのこうじ》通正面下るに、店を少し移転した古い扇子屋がありました。もう一軒は東本願寺近くの、私が通っていた稚松《わかまつ》小学校区の東洞院《ひがしのとういん》通上数珠《かみずず》下るにあります。いずれかと思いますが、いまだ確認していません。

個人的な話で恐縮しますが、私は十四話で紹介した菅大臣神社近くの西洞院通正面というところで生

図27　西洞院通（この下にかつての西洞院川が流れている。手前は茶道藪内家家元）

をうけました（現在は京都市立植柳《しょくりゅう》小学校の南、茶道藪内家の北にある公園。終戦直前に強制疎開で家を壊された。図27）。

さて話を戻して、高尾氏の著書に記されていることは、反故紙を甕に入れ、発酵によって墨を分解して除去しやすくし、墨が除かれた繊維を取り出して、扇生地《きじ》紙にするということです。この発酵作用では、墨を分解（おそらく墨を粘結しているニカワを分解）するのに有用な酵素が産出されているのです。発酵条件を誤ると、墨が分解されなかったり、紙を構成しているセルロース繊維までが分解されてしまったりします。あるいは、腐ってしまって紙に臭いがついてしまい、使いものにならないこともあったと思われます。

何年もかけて、墨だけが分解される菌が選別されてきたのでしょう。

発酵（菌）によって反故紙の脱墨を行う技術は、この京都西洞院における扇生地紙の生産だけかと思っていましたら、どうも他所でも行われていることがわかってきました。

『紙漉必要《かみすきひつよう》』は原本不明とのことですが、江戸後期の農学者で豊後日田《ひた》に生まれた大蔵永常《おおくらながつね》が天保五年（一八三四）頃に、農閑期に紙を漉く利点を著した書とのことです。(2) 寿岳文章氏の『日本の紙』には見えませんが、製紙技術史上極めて興味深いものです。

左は竈と釜の図、右はいかきでの水洗いの図（『紙漉重宝記』から）

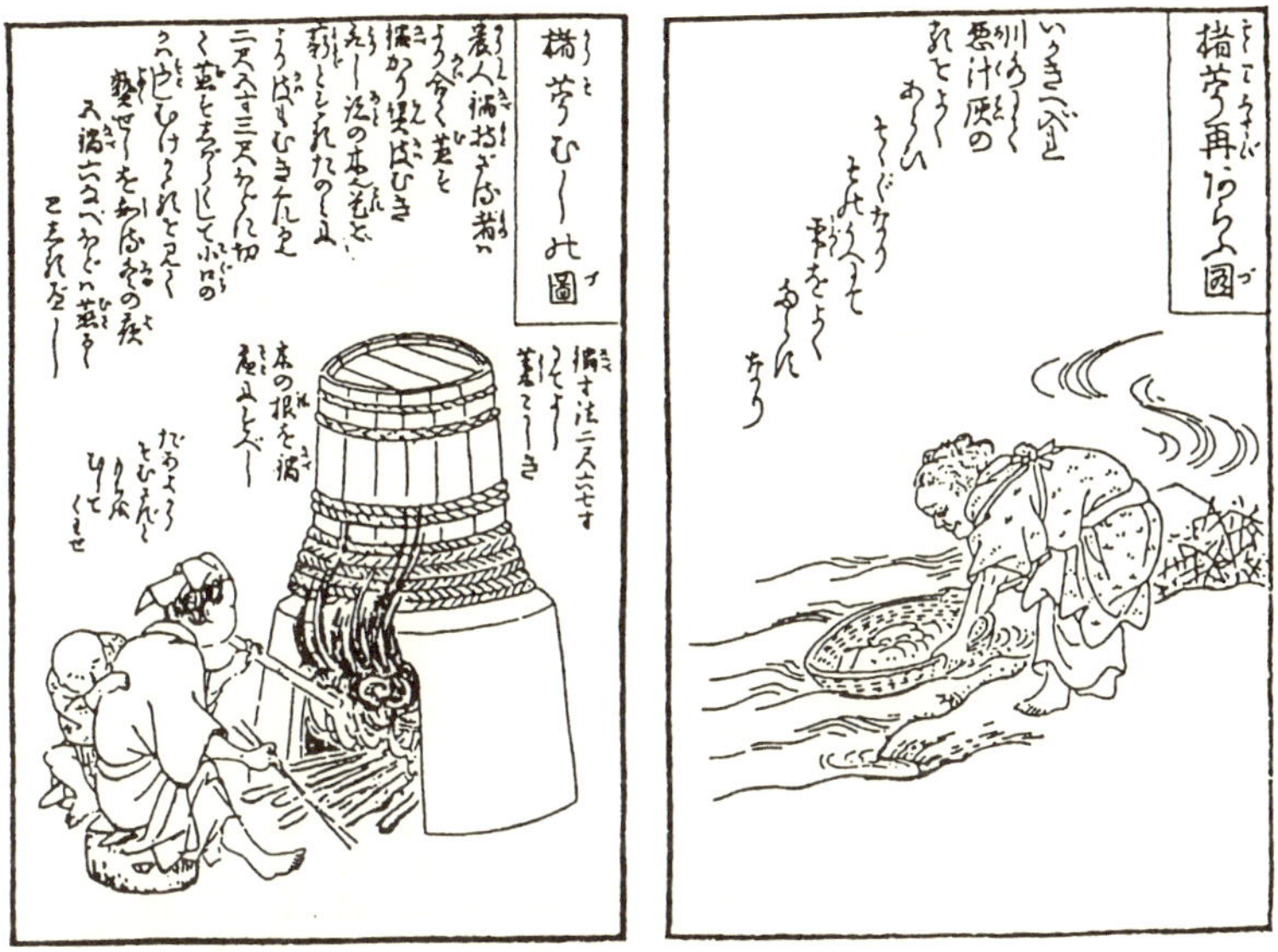

ここでは笹沢琢自氏の著書から孫引き引用させていただきます(3)。

帳反古等の性の能《よ》きものは白き紙になり、下品なる反古は墨抜け兼ねる故に薄鼠色になるなり。先ず此《こ》（の）帳反古の類の墨を抜かんには、右の反古を釜に入れて水にて煮る。其後引揚（げ）て、籍「笹沢氏注　うがき（笊籬・いかき）底の広く大きなざる。楮苧（白皮）を水洗いするときに使う」様の物に入れ、又は薦《こも》か古俵様の物に包（み）、上に薦筵《こもむしろ》のごとき物を多く覆い掛（け）て、一日二夜ほど置（き）て薦筵を除き見れば、湯気升騰なす。其時、手にて引切り試（せ）ば、透許て截るを度として「笹沢氏注　直ぐにできるのを限度として」、打盤にて能く打ち叩き、袋洗なせば、墨は尽とく抜けて白くなる。

然れども、余り蒸過ごす時は、紙腐りて漉たる紙は性抜（け）て脆くなりて竪緯に裂（け）て悪し。此（の）蒸し加減は尤《もっとも》大事にして口伝あり。古き桐油合羽、或は油紙の類等を集（め）て油を脱き去りて白紙になすには、灰汁にて能く煮て土中に埋（め）置き、右の如く製法すれば、能く油の脱失せる物は泉過紙《せんかし》の位になれり。

すなわち、反古紙を水に浸けて煮熱した後、容器に入れ、むしろをかけて、二夜ほど置いておくと墨が抜けるという。二夜置くと「湯気升騰なす」「余り蒸過ごす時は、紙腐りて……」また油紙の場合は「土中に埋（め）置き、……」などの記述から、微生物による発酵を利用していることは明らかです。

扇生地紙が〝くさやのひもの〟なら、こちらは〝いちやぼし〟というところでしょうか。とにかく長い時間をかけて得られた先人の知恵には舌を巻きます。

今日生きている人間は、自分たちの生きている世の中が一番進歩しているように思っていますが、そうでもないことがよくわかりました。

では、この発酵（酵素）を利用した脱墨が、今日の産業に利用できるかというと、事はそう簡単ではないのです。現在のところ、酵素による脱墨は時間がかかるなどによって、経済性があわず、よほど特長のある再生紙ができないと売れないということでしょう。

参考資料

（1）高尾尚忠『紙の源流を尋ねて』室町書房、一九九四年
（2）大分県立先哲史料館編　大分県先哲叢書『大蔵永常資料集　第四巻』二〇〇〇年
（3）笹沢琢自『日本の古紙—紙の生産流通と再生循環の構造—』私家本、一九九五年

第16話

大王がイヌの王様になる

—日本の脱墨技術は世界一—

第一話でも書かせてもらったように、日本は古紙再生の分野では世界一だと誇ってよいと思います。特にその品質においては極めて優れています。現在、私たちが手にする紙製品に「古紙配合率一〇〇%再生紙を使用しています」などと書いてあるものがありますが、そう書いていなければ、普通の市民は再生紙かどうかわからないほどです。

名刺に印刷された再生紙表示

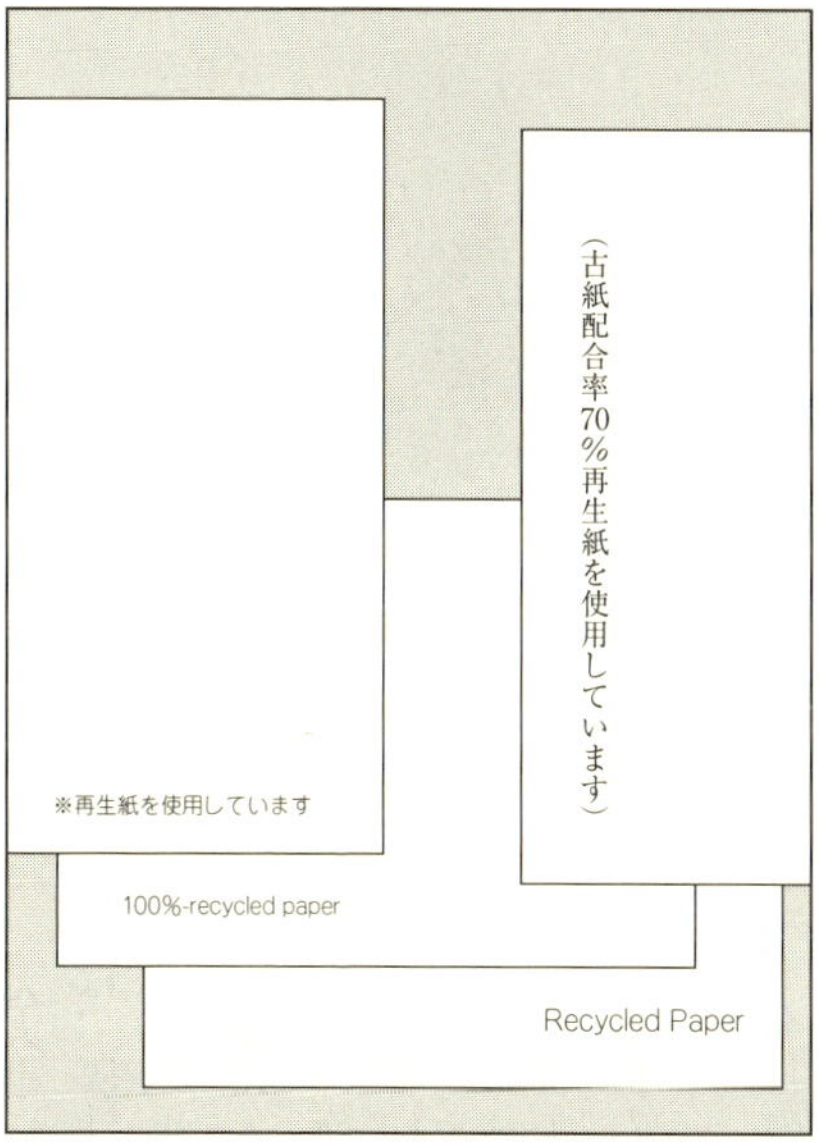

先述したように、新聞紙に四〇%も古紙が利用されているとか、段ボールのほとんどが古紙でできているとか、まんが本や週刊誌もほとんどが古紙でできているなどということは、よほどの物好きな方でないとご存知なかったのではないでしょうか。

私は、一九八九年、米国ワシントン州シアトル市で開催されたTAPPI（注　タッピー　紙パルプ技術協会、斯界における世界最大の技術協会）パルピング

図28　谷に吹き飛ばされた一枚の紙を拾いにゆく男
（『紙漉重宝記』から）

学会において、日本の脱インキ技術について発表しました[1]。

その当時日本においては、古紙利用率が五五％でしたが、アメリカでは二〇％程度だったと記憶します。

その発表において、日本においてなぜそのように古紙利用率が高いかの理由として、(1)パルプ用木材の伐採・運搬が経済性に劣ること、(2)パルプやパルプ用チップを大量に輸入していること、(3)人口が都市部に集中していて古紙の収集が容易で、回収ルートが確立していることなどを挙げました。さらに、その後も講演の機会がある場では、(4)日本人の物を大切にする道徳性や紙に対する伝統的な考え方などを、高い古紙利用率の理由として、併せ紹介するようにしました。

日本において紙が大切なものであると認識されていたことを知ってもらうために、国東治兵衛《くにさきじへえ》の『紙《かみ》漉重宝記《すきちょうほうき》』[2]に描かれている、谷に舞い落ちる一枚の紙を拾いにゆく男の絵[3]（図28）を使わせていただきました。

さて、このTAPPIの講演では聴衆を引きつけるためと、日本における脱墨剤の優秀さをアピール

図29　タッピー学会で使ったスライド

するために、ちょっとしたジョークのような話をしました。手元に残してある同学会の発表原稿によると、図29のスライドを使用して、日本語にすると次のような話をしました。

古代マケドニアのアレクサンダーIII世は、ザ・グレートと呼ばれた。彼の名前は、日本語ではこのように〈大王〉と書かれる。この字〈大〉はグレートを意味し、この字〈王〉はキングを意味する。もしこの場所（〝大〟の字の右上）に、インキの汚点が残れば、これはドッグ〈犬〉と読める。すなわちドッグキング〈犬王〉。この場所（〝大〟の下）にインキが残れば〈太い〉という意味になり、ファティキング〈太っちょ王〉となる。もしアレクサンダーIII世が、〝犬王〟などと呼ばれたら激怒しただろう。

そして次のようにオチをつけた。

しかし、幸いなことにこの時代には、まだ印刷技術はなかった。ともかく、日本の印刷関係者はこのようなことを大変嫌う。

この発表には二～三〇〇名の人が出席していましたが、会場からドッと笑い声が湧きました。その後、売り込みたい脱インキ剤を持って、米国内を商売しましたが、この時のことを覚えていた人が何人かいて、会話がスムーズにはこんだ思い出があります。この時の講演の論文は、後に立派な本にも収録していただきましたが、[4]この話は口演なので文字記録としては残っていません。

実を言うと、この講演のネタも私のオリジナルではなく、実際にあったある話を脚色したものです。モデルになった話は、あまりにも生々しい話なのでリニューアルしたというわけです。

日本においては、新聞紙のような印刷用紙では再生されたパルプから徹底的に墨（印刷インキ）を取り除く技術が求められています。ところが、ヨーロッパや米国では、実用に供される範囲内で支障がなければ、多少のインキが残っていても許されます。多少のインキが残っていても文字さえ読めればいいのだという、ある種の合理的な考えです。社会的な背景の違いを実感します。

新聞広告で、吉永小百合さんの顔写真の目の下に大きな涙黒子《ほくろ》ができ、その紙を供給した製紙会社が叱責されたという話を聞いたことがありますが、あながち無かった話ではないでしょう。

参考資料

（1）F. Togashi and E. Okada「A New Chemical and a New Trend in Flotation Deinking Technology in Japan」『Tappi Proceedings 1989 Pulping Conference』p343
（2）青木ら編『紙漉大概、紙漉重宝記、紙譜』恒和出版、一九七六年
（3）小宮英隆「紙を大切にしよう」『リサイクル文化』二七号、一四頁、一九九〇年
（4）『Recycling Paper – From Fiber to Finished Product –』Vol.1, p372, Tappi Press, 1990

第17話

漉き返しは隠すほどの技術ではない

第十二話で紹介しましたように、和紙をこよなく愛した寿岳文章氏は、名著『日本の紙』において、漉き返しの技術は、紙漉きなら自然と思い付くであろうと述べられています。私も全く同じように考えます。

ところで、漉き返しが具体的にいつ頃始まったのかは十分に確認できていません。文献的には、第一話で紹介した、藤原多美子の例（八八〇年頃）と思われますが、実物として残された資料としてはいつ頃まで遡《さかのぼ》れるのでしょうか。

さらに、どのような道具を使い、どのような手順でやったのかとなると、ほとんど史料としては残っていません。私の知る限りでは、明治維新以前では『紙漉大概《かみすきたいがい》』(1)での記載が最も詳細なものではないかと思います。

『紙漉大概』は唐津藩軍師を勤めた木崎攸軒盛標《きざきゆうけんもりすえ》が、江戸時代後期の天明四年（一七八四）に完成させたもので、軍師として藩内を巡視して産業事情を調査し、紙漉きから聞いた話を書きとめたものとされています。この著での「反古を白紙となす仕方」全文は、技術的にはとても興味があるのですが、少し長いので、簡単におもしろいところだけを紹介させていただきます。

著者の木崎攸軒は、前文において、

紙漉きどもは、秘事だといって、尋ねても一つ二つは隠して教えない。隠すほどのこともあるまい。

漉き返しは、世間では普通にやっていることだ。紙漉きなら誰でも知っていることだ。それほど難しいこともないので、かえって未熟者にさせる仕事だ。

と皮肉をこめて厳しく書いています。（意訳は筆者による）

ここでは、漉き返しの方法について詳しく検討することが目的ではありませんので、簡単に書かれていることを要約しておきます。

漉き返し紙を作るには、先ず紙を引き裂いて釜に入れ、灰を加えて煮ます。煮終わればしばらく置いて、絞って川の水で洗います。洗い終わった繊維は板の上で叩いて、繊維をほぐし、墨を抜きます。叩き終わると、もう一度川の水で洗います。洗い終わった繊維を再び釜に入れて煮る。という操作を二〜三度繰り返します。これで再生した繊維ができ、通常の紙漉きと同じようにして紙を作ります。

ここで入れる灰は、アルカリ剤として使われます。アルカリ剤を使うと繊維がほぐれ易くなり、墨が抜け易くなるためです。この灰は、木灰や貝の殻を焼いたものです。

以上のように『紙漉大概』に見る漉き返し技術は、化学的エネルギーとしてアルカリ剤を使い、機械的エネルギーとして〝たたき〟を行い、遊離した墨を水で洗い流すという、今日の脱墨技術と本質的に変わらないものです。

この他には、第十五話で紹介した大蔵永常『紙漉必要』（江戸時代末）にも、漉き返しについての記載があります。

中国の資料では、宋応星《そうおうせい》が明朝末の崇禎《すうてい》十年（一六三七）頃に著した自然科学や技術に関する著である『天工開物《てんこうかいぶつ》』の「殺青第十三造竹紙」の四節目に故紙再生についての記述があります。[2]『天工開物』のこの項には、「還魂紙《かんこんし》」という言葉が現れています。再生の方法については、僅《わず》かに「その廃紙は朱墨の汚穢《おわい》を洗い去り、槽に入れ湿潤して再生する」とあるだけです（第十八話参照）。

貞享元年（一六八四）に出版された黒川道祐《くろかわどうゆう》撰『雍州府志』は、雍州すなわち山城一国の、地理・沿革・寺社・土産・古址・陵墓を詳記した漢文体の地誌であることはすでにお話しました[3]。その中の〝土産門下七〟の「紙」の項で宿紙《しゅくし》の作り方に触れています。第十四話でも引用しましたが、関連部分をもう一度引いてみましょう。

（前略）之《これ》（筆者注　反故紙）を裂き、直ちに紙師をして再び之を漉かしむ。紙を漉くは紙屋川の水を以って之を洗うこと数回、登呂呂《とろろ》根汁を合して之を漉く。（中略）故、紙屋川辺に宿して之を造るゆえに俗に宿紙と謂《い》う。其の紙を製する処を宿紙村と号く。今、西洞院河辺に於いて之を造る。数遍黒汚を洗うと雖も、猶《なお》淡墨色を帯びる。

しかし、技術的なことについては、トロロアオイを使うことと、川の水で数回洗い流すことが記されている程度です（第十四話参照）。

このように、紙の漉き返しの方法に関する資料は、ごくわずかなものなのです。木崎攸軒が言ったように、だれでもできる簡単な技術なので、書いて残すほどのこともなかったのでしょうか。

参考資料
（1）青木ら編『紙漉大概、紙漉重宝記、紙譜』恒和出版、一九七六年
（2）潘吉星訳注『宋応星「天工開物」訳注』上海古籍出版社、一九九三年（中国語）
（3）『新修京都叢書　十　雍州府志』臨川書店、一九六八年

第18話 紙はもともと廃物利用品

中国に四大発明といわれる技術があります。そのひとつが製紙です（他の三つは火薬、印刷術、羅針盤）。

この製紙は、後漢時代（西暦二五―二二一年）に蔡倫《さいりん》（図30）という人が発明したといわれてきました。その根拠として、『後漢書』「蔡倫伝」に、

蔡倫字《あざな》は敬仲、桂陽の人なり。……樹膚、麻頭及び敝布、魚網を用い紙と為《な》す。元興《げんこう》元年これを奉上す。帝其《そ》の能を善《よ》しとし、是《これ》より従用せざる莫《な》し。故に天下咸《みな》蔡侯紙と称《い》う。

とあり(1)、蔡倫が西暦一〇五年に和帝《わてい》に紙を献上したというこの記事が、製紙の始まりであるとされてきました。この蔡倫という人は、今の日本でいいますと以前あった科学技術庁の長官のような地位にあり、自分自身で紙を作っていたとは考えられないので、この記事では、ただ形のうえで業績を書いただけだと批判する人がいます。この批判はさておき、いずれにしても、紙の歴史において一つのエポックを築いたことには間違いありません。

また、近年中国における考古学的発掘によって、前漢時代（西暦前二〇二―後八年）に紙様物質が存在することが明らかになってきました(2)。

図30　蔡倫の肖像

先の『後漢書』「蔡倫伝」をしっかり読むと、蔡倫が紙を発明したなどとは一言も書いてありません。紙の原料として、樹皮、麻および麻の破布、魚網を使ったと書いてあります。おそらくこのことが当時としては目新しいことだったのでしょう。そこで近年では、蔡倫は画期的な製紙技術の改良をした人として評価されています。

さて紙の原料として麻の破布《ぼろぎれ》や魚網を使ったということは、使い古した植物繊維を再利用しているということです。なんだ使い古した繊維を利用したなんてたいしたことじゃないと思われる方もいらっしゃるかと思いますが、実はこのことが、紙を作るうえで大きな意味を持っているのです。

前漢時代の紙様物質を「紙」と認めるかどうかについて、中国では大きな論争が繰り広げられています[3][4][5]。「紙」とはいったい何かというようなことにまで遡って、論争されているのです。

読者のみなさんも「紙」は日常的なものとして見慣れておられるので、紙とはおよそこういうものだというイメージはお持ちでしょうが、改めて「紙ってどういうものですか」とたずねられたら、きっと困られると思います。

私は、次のような三つの条件を満たすものだと思っています。

① 植物のセルロース繊維を主体としている。

② 水の表面張力を利用して、ばらばらになっていたセルロース繊維が化学結合（水素結合）を形成してシート状になっている。

③ 結合の強化のために、セルロースから枝状繊維を出す操作（叩解《こうかい》）が施されている。

世界で知られている代表的な紙様物質を、以上の条件で比較して表にしました（表1）。

表1で明らかなように、紙としての要件となる重要なことは、③の条件すなわち叩解工程であることがおわかりいただけるかと思います。この叩解という、簡単にいえばセルロース繊維からひげ状の繊維

表1　シート様物質と紙としての条件充足度

シート様製品＼条件	①セルロース繊維	②界面張力の利用	③叩解工程
パピルス（エジプト）	○	×	×
羊皮紙（ヨーロッパ）	×	×	×
アマテ（メキシコ）	○	×	×（注1）
タパ（ミクロネシア）	○	×	×（注1）
パイラーン（タイ）	○	×	×
湿式不織布	○	○	×（注1）
合成紙（近年開発）	×	×	×（注2）

（注1）繊維はほぐされているが、叩解はされていない。
（注2）最近は枝状繊維をもつものも開発されている

をだすことが、紙を作る上での本質的なプロセスだといえるのです。そのような観点で、蔡倫紙の原料を考えると、麻の破布や魚網を使ったということは、使い古しているこれらの素材は使用中に繊維が毛羽立ち、この叩解が自然になされている原料となっていた考えられます。

図31をご覧ください。この写真は、中国における紙の始まりに関する論争者のひとり潘吉星《パンジイシン》氏（前漢に紙があったとする）が発表されている紙様物質の顕微鏡写真です[1]。

一番上の写真は、純粋な大麻繊維です。繊維の表面がつるっとしています。一番下の写真は、四世紀の五胡十六国時代（前涼の建興三十六年）のもので、繊維からひげ状のものが出ているのがみえます（叩解されている）。真ん中の写真は、「灞橋紙《はきょうし》」と呼ばれている紀元前一二〇年頃の陝西《せんせい》省西安《せいあん》市灞橋の前漢墓から出土したものです。ひげ状の繊維の出方が、上の写真と下の写真の中間的なものであることがみてとれます。すなわち、私の紙の定義からいえば、紙ともいえるし、紙ともいえないという微妙なものです。したがって、前漢に紙があったとか、紙といえるようなものはなかったかというのではなく、すこしずつ改良されていって、蔡倫の時代あたりにひとつの画期があったというのが真相ではないかと思っています。

有田良雄氏は、自らの研究経験から、紙の原料としての大麻繊維の叩解は大変な作業で、苧麻《ちょま》（からむし）の叩解は大麻より楽であったとされています。さらに楮《こうぞ》は、もっと楽に叩解できると述べておられます[6]。これはまさに、正倉院に残された紙の素材を時代順に並べると、紙の原料としての植物繊維が、大麻→苧麻→楮と変化していったことと一致しています[7]。

図31　古代中国の紙様物質と顕微鏡写真

純大麻繊維

灞橋紙麻繊維

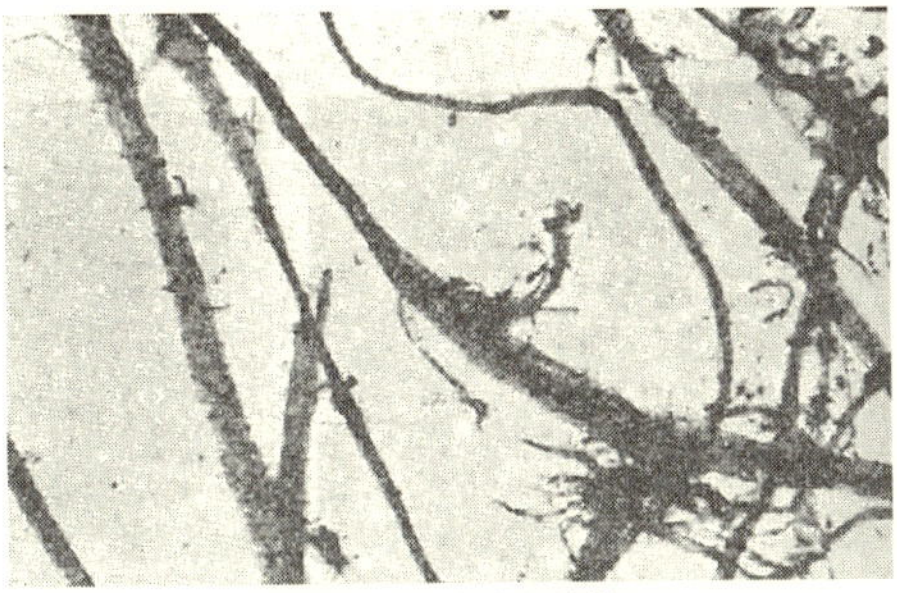

建興三十六年麻紙繊維

日本において製紙が大きく発展しはじめたのは、仏教興隆とおそらく軌《き》を一《いつ》にする七世紀の早いころと思われますが（『日本書紀』では、推古天皇十八年〔六一〇〕高句麗の僧曇徴が、紙の製法を伝えたと記す）、その頃は、紙の原料として使い古した麻繊維が用いられていたのではないかと推測されています。

参考資料

（1）潘吉星、岩田由一訳『中国古代造紙技術史』（『百万塔』臨時増刊）紙の博物館、一九七九年
（2）岡田英三郎、東アジアの古代文化を考える会会員発表会資料（一九九四年七月二三日）、後に岡田英三郎『くわんこんし　還魂紙―歴史にみる紙のリサイクル―』私家本、二〇〇二年に収録
（3）潘吉星「紙は蔡倫以前にあった」『紙パルプ技術タイムス』四二頁、一九八八年四月号、テックタイムス社
（4）載家璋「〝灞橋紙〟と中国古代の製紙術―潘吉星君への反論―」『紙パルプ技術タイムス』四六頁、一九九〇年十一月号、テックタイムス社
（5）小林良生「中国紙史紀行」『百万塔』No.99、八頁、紙の博物館、一九九八年
（6）有田良雄「日本の紙の話〔古代〕（八）古代の紙（その2）」『紙パルプ技術タイムス』四五頁、一九九四年五月号、テックタイムス社
（7）有田良雄「日本の紙の話〔古代〕（一〇）および（一一）、古代日本の紙（その2）および（その3）」『紙パルプ技術タイムス』四四頁、一九九四年七月号および三三頁、一九九四年九月号、テックタイムス社

第19話 くわんこんし（還魂紙）

「還魂紙」というコトバは、実は、日本語にはありません。しかしわたしが「これは文字の書かれた文書には書いた人の魂がやどっていて、再生された紙にもなにがしかの精神が残っているということです」というような説明をすると、多くの方はその字面からなにか納得できたような顔をされます。日本では、仏教的な思想がなお強くあるのだなという感じがしました。

ところで、中国明代の科学者宋応星（一五八七―一六六六？）が著した『天工開物』という書のなかの巻下殺青第十三造竹紙の項には「還魂紙」ということばが出てきます(1)。笹沢琢自氏の日本語訳によると、

一時書文は貴重であり、その廃紙は朱墨の汚穢を洗い去り、槽に入れ湿潤して再生する。以前煮浸したような労力は全く省略して、そのまま紙とする。消耗することも亦多くはない。南方は竹の価が安く、したがってこのようなことはしない。北方は寸条《すんじょう》・角片《かくへん》地に在れば随時に拾い取って再び造る。名づけて還魂紙という。（傍点は筆者）

とあります(2)。

寿岳文章氏は、『日本の紙』において、本書第二話で書いた藤原多美子の例を紹介したうえで、

（前略）ゆかりの紙を漉き返して聖教《しょうぎょう》を書写し、故人への供養とすると共に、讃仏乗《さんぶつじょう》のよすがとする風習は、永く失われなかったと言ってよい。

『天工開物』殺青巻造竹紙の挿絵（左は紙漉き・右は脱水）

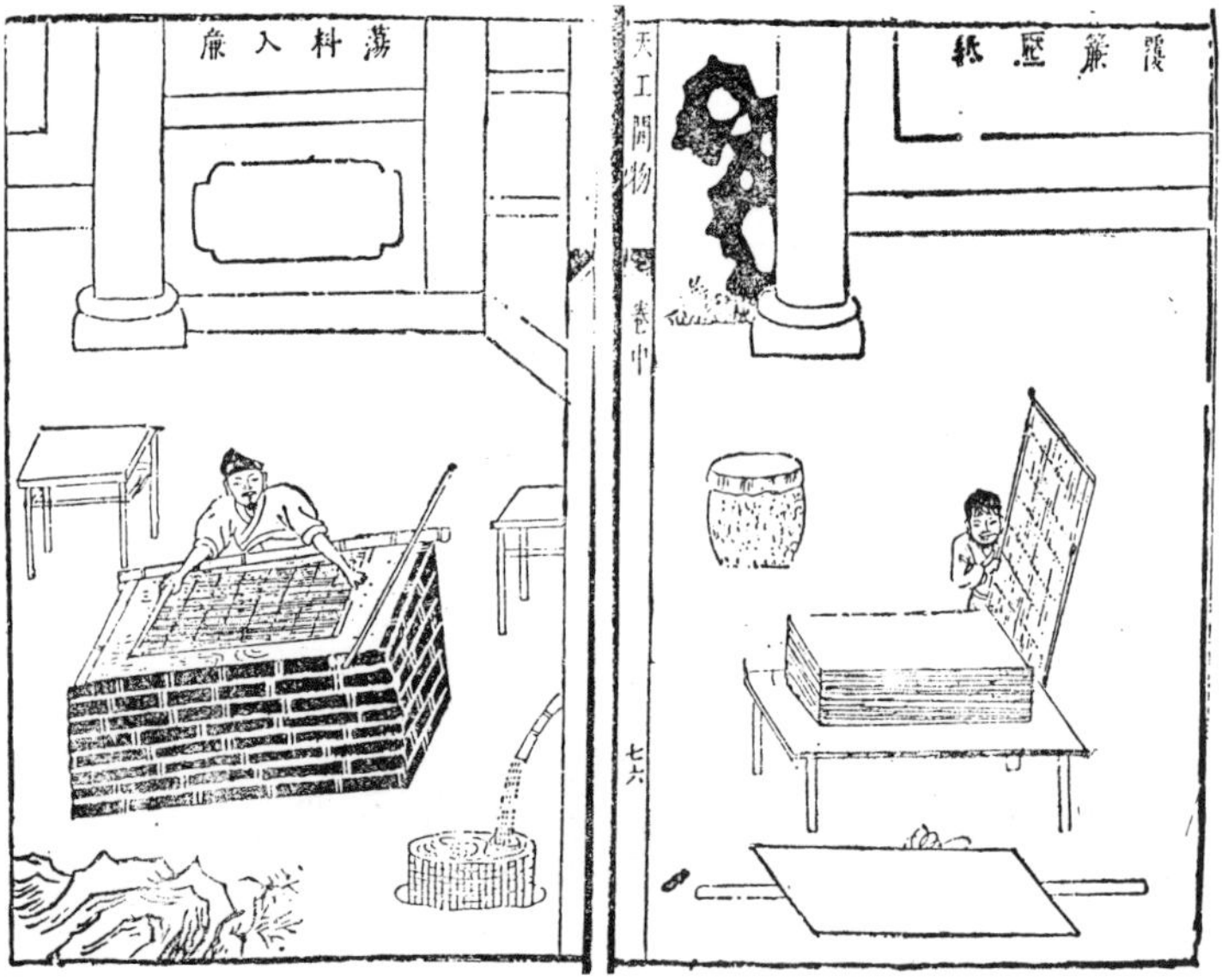

> ただし、漉き返しは中国でも行われた。そして漉き返しの紙を還魂紙と呼んだ。字づらから、人あるいは、なきひとの魂をかえすという仏教的な情緒をいだくかも知れないが、中国語にその連想は全く無い。還魂とは、なるほど死者のよみがえりを原義とするが、還魂紙の場合は原義を遠くはなれ、官吏登用試験に一度落第はしても、再考試の結果、合格となったものを還魂秀才と呼ぶように、一度用いた紙、すなわち故紙を、漉き直して再度用立てるという、ただそれだけの、きわめて現実的な意味である。

と述べられています[3]。

故紙の歴史的研究を行った笹沢琢自氏も、「還魂紙は再生紙の別名であり、本来、仏教的な意味合いはなかった。」とそっけなく、寿岳氏の説に賛成されているようです[2]。

一方、笹沢氏は『日本の古紙』のなかで、反故紙が仏教的なことと関連する事例も紹介されています(2)。

鎌倉中期以降も、まだ反故は日記や写経の料紙として多く使われ、故人の手習い・連歌懐紙・今様・消息などを裏返した摺経・板経が多く現れた。特異なものとしては、この時代のそれらの浄土信仰を造形化したともいえる「紙胎仏」があり、また、消息や遺筆を集めて作った紙張子の像もあった。

「紙胎仏」の注として、

例えば、中宮寺「紙胎文殊菩薩立像」（重文、一二六九年造）はつぎのようなものである。巻子本や冊子本の経典の反故紙を使って全体の芯を作り、消息などの断簡を巻いて胸・頭・腕の芯とし、その上から反故を幾重にも張り重ね、表面近くなると白紙を貼り付けて形を整え、鬘《かづら》や裳《も》の衣裳《ひだ》には紙縒《かみこより》を使い、表面に麻布を置いて漆で仕上げたうえで、截金《きりかね》を施して文様を付けてある。

紙胎とは乾漆のことで、漆で固めた紙張子をいった。

と述べられています。また、「紙張子《かみはりこ》」の注として、

洛北大原の寂光院には、建礼門院像という、その消息を集めて作った紙張子の像がある。また奈良法華寺には、剃髪《ていはつ》の後、自ら悟りの文を書き綴った紙で自像を作ったと伝えられる「横笛《よこぶえ》楮像」が残っている。

と述べられています。

『源氏物語』の作者としてあまりにも有名な紫式部は、藤原道長の長女で一条天皇の中宮となった彰子《しょうし》に仕えていました。その中宮彰子の道長邸での出産を中心に書かれたのが『紫式部日記』です(4)。その中に

このごろ反古もみな破《や》り焼きうしなひ、ひひなどの屋づくりにこの春し侍りし後、人の文も侍らず、紙にわざと書かじと思ひ侍るぞ、いとやつれたる。

図32　越前竹人形

という文があります。校注に助けられながら、私なりに意訳しますと、「この頃は、反故紙を破り燃やしてしまったり、春には雛人形の家を張子で作ったりした後は、ほかの方からお手紙を頂戴することもなく、自分から新しい紙に手紙を書くことをすまいとも思っていますことは、ずいぶんと控えめな気持ちになっていることです。」というような意味でしょうか。この前段には、仏教的な話が書かれていますので、仏教的な意識が残っているなかで、反故紙で張子の雛人形の家を作るということを書いているように思われます。

すなわち、寿岳氏が述べられたように、「還魂紙」ということばと仏教的な意味は直接繋《つな》がらないかもしれませんが、右記のようなさまざまな著述を読むと、反故紙を再利用するということのなかに、かなり仏教的な意味合いもあったということがいえるのではないでしょうか。

先述のように、日本には還魂紙というコトバはなかったようです。

しかし本話の冒頭に、私の周りの人に「還魂紙」という用語を提示してすんなり受け入れられたという話を紹介しましたように、日本文化の底に「還魂紙」といいうるような精神が流れていたと断言してもよいように思われてなりません。

さてちょっと話がずれますが、さきほど紹介した『天工開物』に「殺青《さっせい》」というコトバが出てきます。『天工開物』の第十三は、紙に関することが書いてあるのになぜ「殺青」という題がついているのか分かりませんでした。これについて、小説家水上勉氏が解説してくれています。

水上勉氏の代表作のひとつに『越前竹人形』があります。いま、水上氏の故郷福井県に旅行すると、みやげ物店に「竹人形」が売られています（図32）。私は、民芸品である「竹人形」を素材に小説が書かれたのかと思っていましたら、まったく逆で、水上氏の小説が有名になったので、「竹人形」がみやげとして作られるようになったということです。氏の『竹紙を漉く』という書には、その竹に対する思いが込められています[5]。

『竹紙を漉く』のなかで、「殺青」ということばについて、「（竹を紙の素材とするには）枝葉の生えようとしている竹を最上とし、（中略）一・五米ほど切って溜池に百日以上つけてから槌でたたいて清水で皮を洗い去」ることだと解説されています。要は、竹紙を作る最初の工程で青々とした竹を截《た》つことから、後に紙を作ることそのものをいうようになったとのことです。

参考資料

（1）潘吉星訳注『宋応星「天工開物」訳注』上海古籍出版社、一九九三年（中国語）

（2）笹沢琢自『日本の古紙―紙の生産流通と再生循環の構造―』私家本、一九九五年

（3）寿岳文章『日本の紙』吉川弘文館、一九六七年

（4）池田、秋山校注『紫式部日記』岩波書店、二〇〇〇年

（5）水上勉『竹紙を漉く』文芸春秋社、二〇〇一年

第20話

「宿紙」ということば

漉き返し紙が「宿紙（しゅくし、すくし）」と呼ばれたことは、文献上確かめられますが（『左経記』長元四年［一〇三一］に初出(1)）、なぜ「宿紙」というかということについては諸説があります。

寿岳文章氏（図33）は『日本の紙』で、「宿紙」の語源について、（1）熟紙《じゅくし》を清読した、（2）紙屋《かみや》に詰番《つめばん》して宿直したため、（3）宿には古いの意味があり、反故を原料としたため、（4）製紙部民《べみん》を「宿の者」や「宿殿《しゅくでん》」と結びつけたなどを紹介されています(1)。寿岳氏ご自身は（3）の説を支持されています。

私は、いままでの書きぶりからおわかりのように、再生によって書いた人や物の魂が「宿る」紙と解釈したいのですが、いささか穿《うが》ち過ぎかもしれません。二〇〇四年十月、京都府立総合資料館で開催された「東寺百合《ひゃくごう》文書展―足利義満と東寺―」で、展示内容を解説された方が、私の解釈と同じようなことをおっしゃっていました。ただこの解釈について、管見の限りでは文書になったものはまだないようです。

「宿紙《しゅくし》」ということばを『古文書用字・用語大辞典』で調べてみますと、「すくしとも読む。また薄墨紙・綸旨紙・漉返紙・還魂紙とも称せられる。一度使用した紙を再利用して作った紙で、全体が薄ねずみ色の一見粗末な紙である。（以下略）」との説明があります(2)。

また、久米康生氏は『和紙文化誌』の用語解説で「故紙を漉き返した紙、いわゆる再生紙である。「す

図33　寿岳文章先生

くし」ともいう。充分に墨色がぬけないで、しかも漉きむらがあるので、薄墨紙、水雲紙《すいうんし》という。（以下略）」と、『古文書用字・用語大辞典』とほぼ同じように認識されており、特にその語源については説明されておりません。(3)

久米氏の解説に関わって注意しておきたいのは、宿紙（漉き返し紙）は外見上は灰色を呈しているので薄墨紙、あるいは墨が漉きむらとなって雲のようにみえるので水雲紙と称されていますが、薄墨紙や水雲紙が必ずしも宿紙ではないことです。薄墨紙や水雲紙は、漉き返しでなくとも作り出せます。

紙の各々の呼称は、あるいは外観を、あるいは用途を、あるいは製法を表現しているに過ぎないので、その用語は文の中で何を表現しているのかを注意深く読み取る必要があります。

参考資料

（1）　寿岳文章『日本の紙』吉川弘文館、一九六七年
（2）　荒居ら編『古文書用字・用語大辞典』柏書房、一九八〇年
（3）　久米康生『和紙文化誌』毎日コミュニケーションズ、一九九〇年

『紙漉大概』の紙漉き工程図

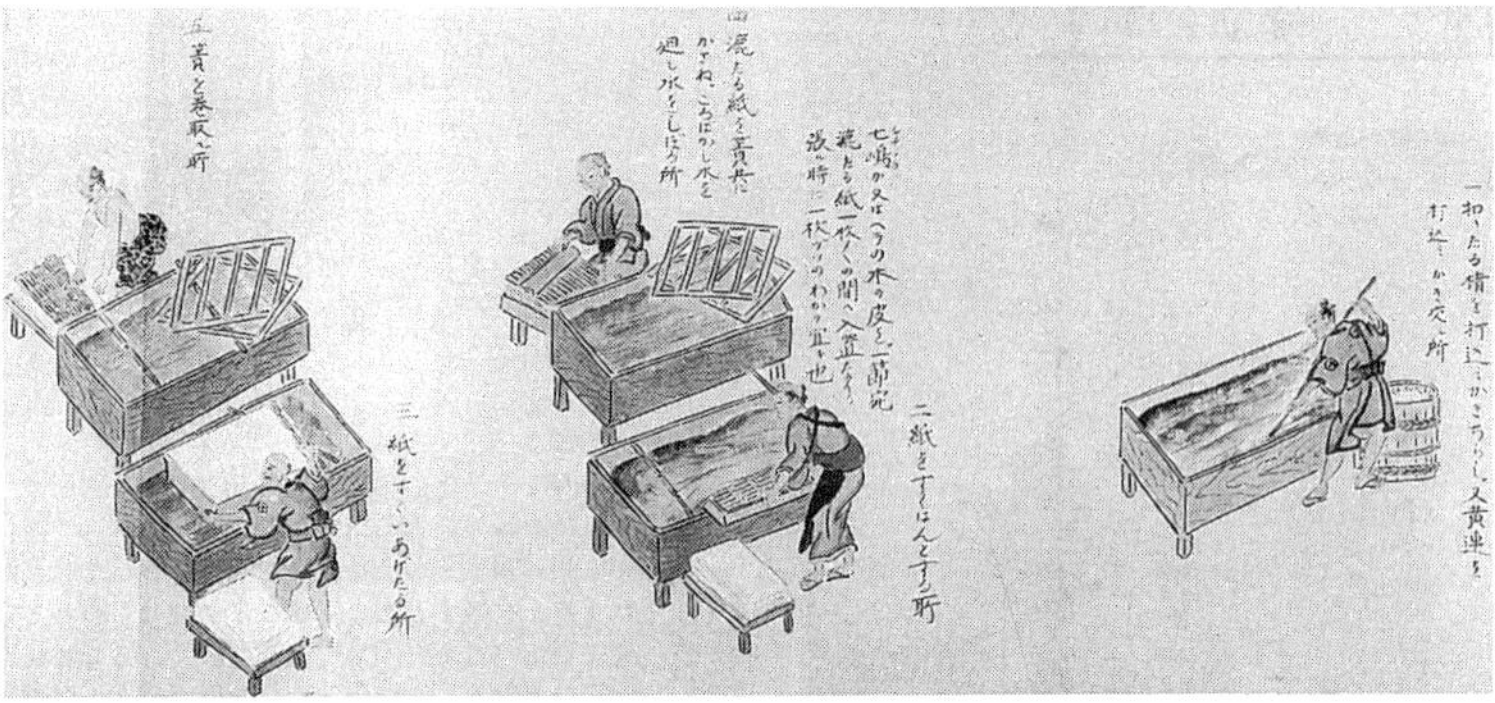

一　扣《たた》きたる楮を打（ち）込みかきちらし、又黄連を
打（ち）込みかき交（ぜ）る所
＊黄連はトロロアオイ

二　紙をすくわんとする所
シチトウか又はヘラの木の皮を、一節宛
漉（き）たる紙一枚〱の間へ入（れ）置（く）なり
張る時に一枚ずつわかり宜《よ》き也
＊シチトウはカヤツリグサ科の多年草

四　漉（き）たる紙を簀共〈紙床《しと》〉に
かさね、ころばかし木を
廻し水をしぼる所

三　紙をすくいあげたる所

五　簀を巻（き）取る所

第三章

紙の余白を利用する

第21話 反故紙の裏を利用する

―表があれば裏がある―

ここまでは主に、反故紙の漉き返しにかかわる話題について書いてきました。

紙が貴重であった時代においては、漉き返しだけではなく、紙の機能を利用した、もっともっとさまざまな再利用が行われていました。

例えば私自身も、原稿を書く最終段階では、パソコンのワードプロセッサーを利用していますが、いわゆる粗原稿の段階では、新聞の折り込み広告で裏が印刷されていないものを利用します。家庭では少し小さく切って、メモとしても利用しています。

プロローグでも紹介したような、茨城県石岡市鹿の子C遺跡出土の漆紙文書の例ほどでなくとも、一度使用した料紙の裏を利用して文書を書くことは、古代・中世においては普通に行われていました。このように裏面を利用した文書を、「紙背文書《しはいもんじょ》」と呼んでいます。日本史関係の展覧会などで、古文書が展示されているもののなかで、裏面の文字が透《す》けて見えるものがよくあります。これが「紙背文書」です。

ここでは、鎌倉時代の「順忍書状」の例をご紹介しておきましょう（図34(1)）。

この「順忍書状」は、極楽寺の長老順忍《じゅんにん》が釼阿《けんな》（金沢貞顕《かねざわさだあき》の側《そば》近くにいた僧）に宛てた年賀状（太く濃い字）の裏に、釼阿が「西貞流《にしのいんりゅう》」を書写したものです（図34で少し小さく見える字。「西貞流」とは、京都仁和寺《にんなじ》西院を本拠とする東密廣澤流の一派が「西院流」を称し、その教えを受けた宏教《こうぎょう》が鎌倉に下《げ》向《こう》して広めた教えを西貞流という(2)）。さらにおもしろいことに、図34をよく見ると、「西貞流」書写の空

図34　紙背文書「順忍書状」

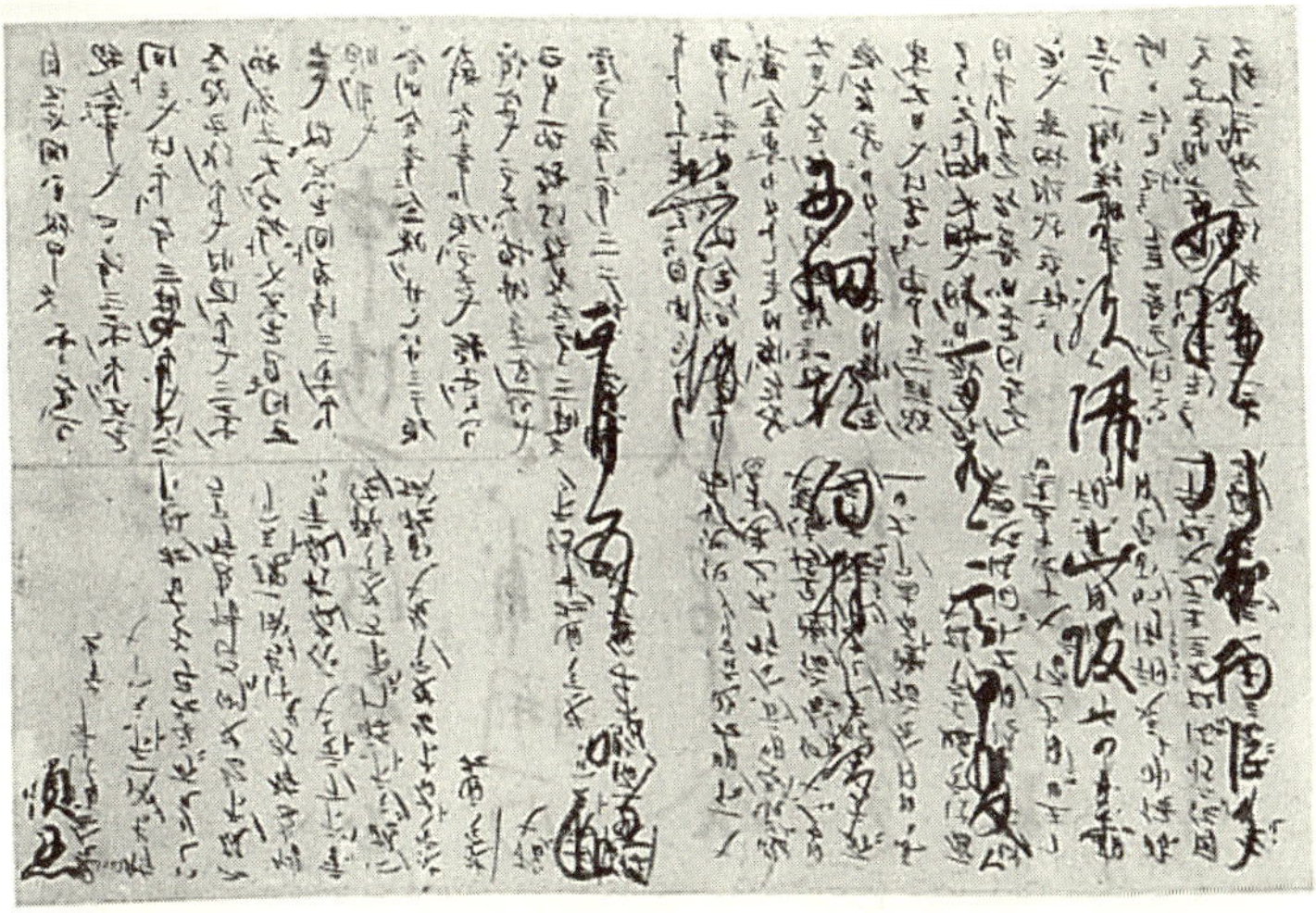

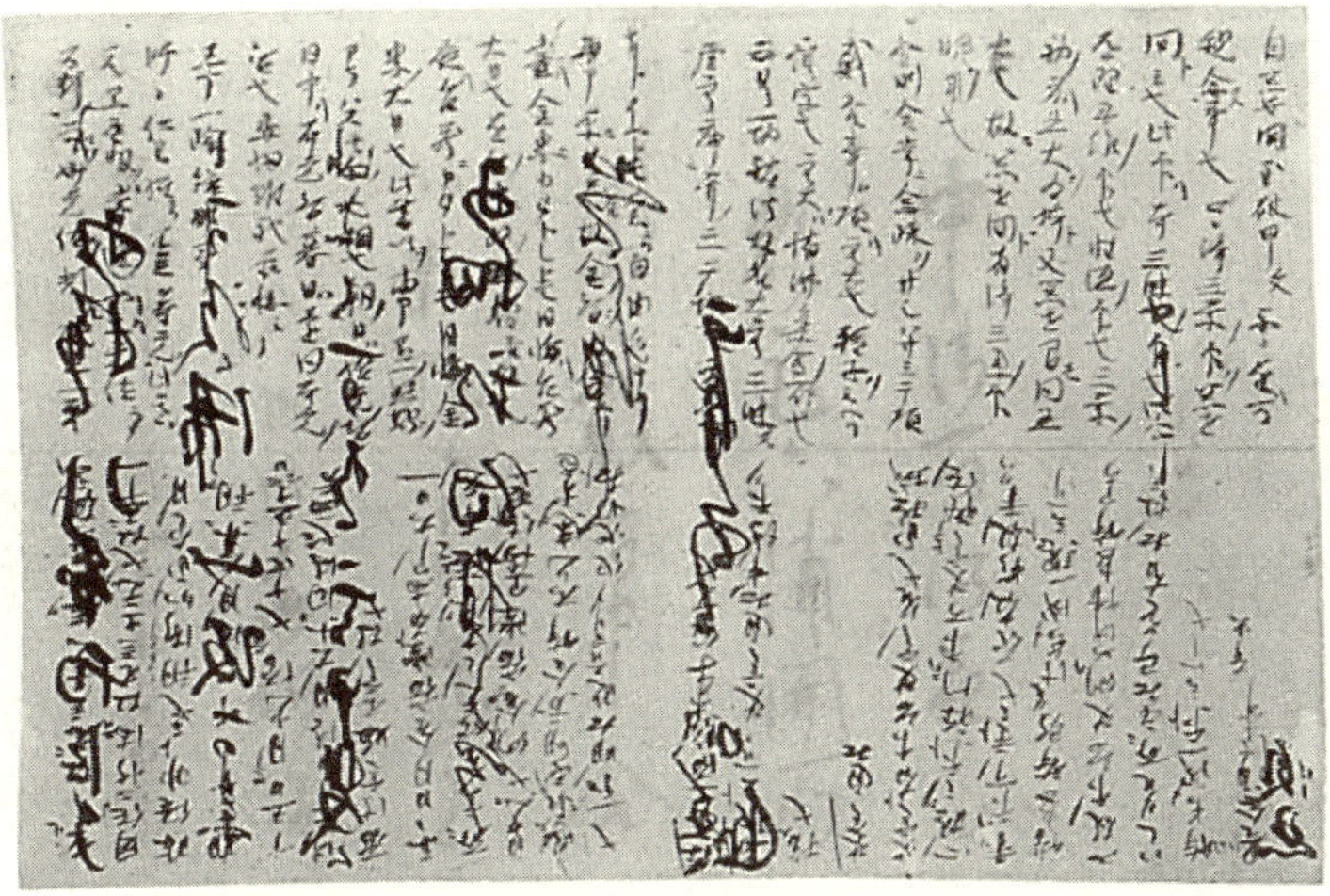

参考　順忍書状（裏焼）

間に薄く墨が残っています。これは、もらった手紙にしわなどがあり使いづらいので、紙の表面に霧吹きをし、別の手紙の表を同様に霧吹きをして重ね、しわをのばすためにたたいたために、重ねた手紙の文字の墨が写ったのです。写った文字を「影字《えいじ》」といい、写った文書を「墨映《ぼくえい》文書」といいます。

中世の人がいかに紙を大切に扱ったがわかります。

〝裏面の文字が透けて見える〟と書きましたが、これは展示をされている（展覧会の主催者が見せたいと思っている）方を表にしているのであって、実際はどちらが先に書かれた文書であるかは、よく注意しないといけません。

私は最初に書かれた文書を「第一文書」、その裏面に書かれた文書を「第二文書」と呼んでいます。この「順忍文書」でいうと、順忍の年賀状が第一文書で、釼阿の書写した「西貞流」が第二文書となります。

さて、表裏の文書は、全く無関係に書かれたのか、何か由縁があって書かれたのかということを問題にしたいと思います。

各地にある博物館や資料館では、学芸員の人たちが、収集した資料をわかり易く展示し、多くの人に見てもらおうと、知恵をしぼっていろいろと面白い企画を立てています。学芸員の腕の見せ所です。

一九九五年、名古屋市博物館で開催された「尾張名古屋の古代学」展は、尾張における古代学研究の歴史を紹介するという、ちょっと視点を変えた展覧会でした。この中で、紙背文書の『日本書紀』の写本が展示されていました。この『日本書紀』の写本は尾張の熱田神宮《あつたじんぐう》に伝わるもので、「日本書紀熱田本」として知られる重要文化財です。永和元年（一三七五）から三年かけて書写されたものですが、現存する十四巻十五軸（もとは十五巻十六軸であったという）のうち、十巻分は和歌懐紙の裏を用いた紙背文書とのことです。このことについて、展覧会の図録の解説には、「和歌懐紙の裏面に『日本書紀』を書写したというのは、反故紙を利用したということではなく、その紙を使うことに意味があったと考えられる」と書かれています[3]。

私もこの考えに賛成です。

私は、紙背文書のいろいろな事例に遭うたびに、「第一文書」とその裏面の「第二文書」に何らかの関係（書き付けた人の思い）があるのではないかと思っています。すべての紙背文書に、表裏で意味付けがあるかどうかはこれからの研究課題です。あるいはもう少し消極的に、この文書の裏面には、ある文書を書き付けてはいけないというような、常識あるいは教養があったのではないかとも憶測しています。

紙背文書は、数多く残されています。ここですべてを紹介することは不可能ですので、以下の話題では、私の知る限りで、面白そうな事例をいくつかご紹介させていただきます。

参考資料

（1） 神奈川県立金沢文庫『紙背文書の世界』図録　一九九四年

（2） 望月信亨『仏教大辞典 第五巻』仏教大辞典発行所、一九三六年

（3） 名古屋市博物館『尾張名古屋の古代学』図録　一九九五年

第22話 柴又の「トラ」さんと「サクラ」さん

東大寺正倉院に残る「正倉院文書」で、古代史家によく知られた「下総国《しもうさのくに》葛飾郡《かつしかぐん》大嶋郷《おおしまごう》戸籍」という文書があります[1]（図35）。この文書の裏面（第二文書）には、東大寺写経所における紙の出し入れや働いていた人の給与などが書き付けられており、事務的な記録書類として利用されたようです。この頃（奈良時代初め）、戸籍は六年に一度作り変えられますので、新しい戸籍が作成されると古い戸籍は不用になります。一定期間保管（規定では三〇年）した後に、東大寺写経所に送られて、いろいろな用途で使用されたようです。

「下総国葛飾郡大嶋郷戸籍」は養老五年（七二一）に作られたものです。この戸籍に見える大嶋郷は、甲和《こうわ》、仲村《なかむら》、嶋俣《しままた》の三里からなっています。下総国といえば現在の千葉県北部とほぼ重なりますが、下総国葛飾郡は江戸川をはさんだ現在の千葉県市川市・船橋市西部（以前京成電鉄に「葛飾」という駅があったが、東京都の葛飾区と間違う人が多いせいか、「京成西船橋」と改称された）と東京都葛飾区・江戸川区を含んでいました。この文書に見える甲和は東京都江戸川区小岩《こいわ》、嶋俣は葛飾区柴又《しばまた》に比定されています。仲村については不明ですが、甲和と嶋俣のあいだ辺りで、現在の葛飾区奥戸・立石地域が有力視されています。

柴又といえば、柴又帝釈天《しばまたたいしゃくてん》の門前町を舞台にした、山田洋次脚本・監督、渥美清が「フーテンの寅」役で主演した「男はつらいよ」で有名になりました。倍賞千恵子が寅さんの妹「さくら」役を演じてい

図35 「下総国葛飾郡大島郷戸籍」

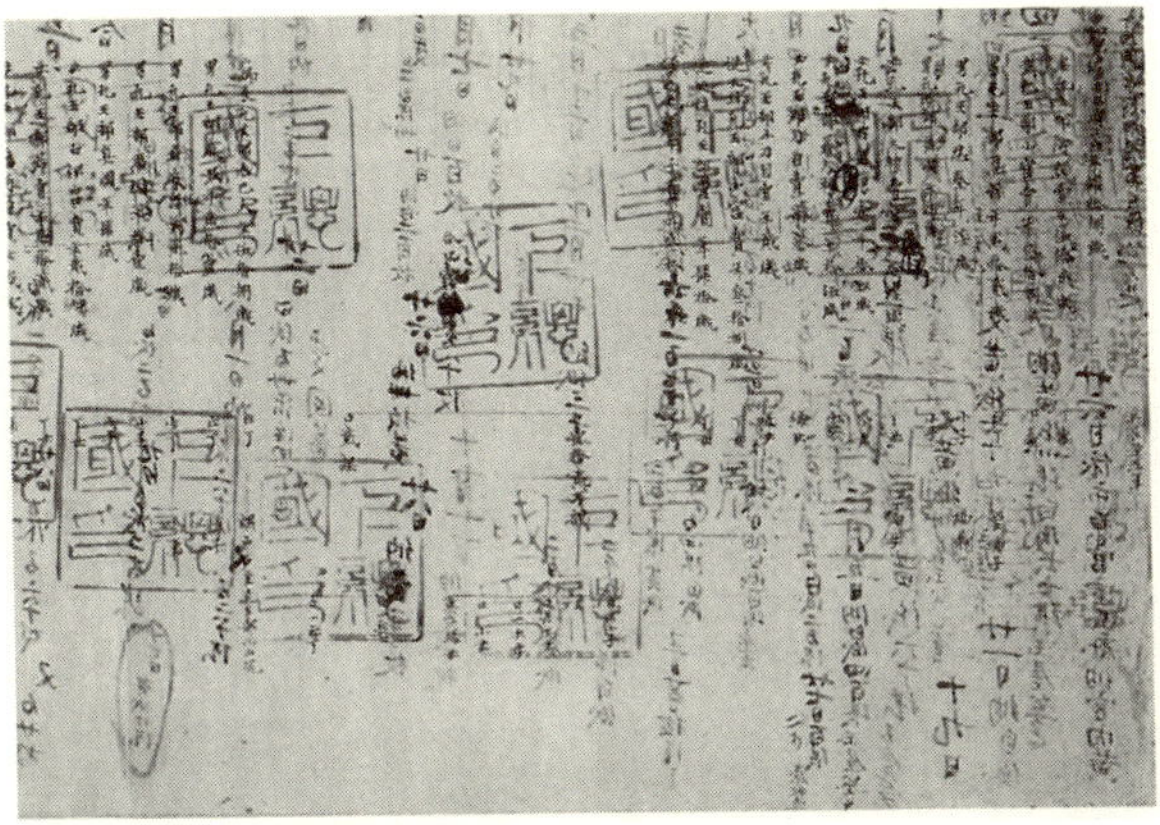

養老五年下総国葛飾郡大嶋郷戸籍（正倉院文書）
写真提供・宮内庁正倉院事務所

ました。

なんと偶然の一致でしょうか、「正倉院文書」の「下総国葛飾郡大嶋郷戸籍」には、〝トラ〟という人や〝サクラ〟という人の名が載っています。姓はほとんどの人が孔王部《あなほべ》を名のっています。今から一二〇〇年ほど前に、〝トラ〟さんや〝サクラ〟さんが住んでいたのです。

もっともこの戸籍を含む下総関係の戸籍（下総戸籍）には、刀良《とら》と名のる人が六名、乎刀良《ことら》と名のる人が二名、刀《と》良賣《らめ》と名のる人（女性）が五名、また佐久良賣《さくらめ》と名のる人が二名、このほかに小佐久良賣《こさくらめ》と名のる人もいますので、〝トラ〟や〝サクラ〟という名をつけることは、かなりポピュラーなことだったようです。ちなみにこの下総戸籍でもっとも多い名は、男性では〝麻呂《まろ》〟（一三名）、女性では〝若賣《わかめ》〟（一六名）です。

一九九五年秋に、大阪府立近《ちか》つ飛鳥《あすか》博物館で開催された特別展「古代人名録―戸籍と計帳の世界―」の図録に、古代の文字史料で知られる人名のリストが記載されています。それによると、西国戸籍では、刀良《とら》と名のる人が一七名、刀良賣《とらめ》と名のる人が一六名数えられました。このほかの戸籍、計帳、木簡にも、佐久良《さくら》、虎万呂《とらまろ》、刀良《とら》、刀良麻呂《とらまろ》などの名が見えます(2)。

山田洋次さんは、「偶然のことで、全く知らなかった」とどこかの新聞でコメントされていたのを読んだことがありますが……。

「下総国葛飾郡大嶋郷戸籍」の複製品が、東京都の葛飾区郷土と天文の博物館で常設展示されています。もちろん裏文字（紙背文書）もしっかり複製されています。

参考資料
（1）熊野正也編『東京低地の古代―考古学からみた旧葛飾郡とその周辺―』崙書房、一九九四年
（2）近つ飛鳥博物館平成七年度秋季特別展図録『古代人名録―戸籍と計帳の世界―』一九九五年

第23話

時代に翻弄された山田寺

奈良県桜井市山田にある山田寺は、古代史好きの人に人気のあるお寺のひとつです。

山田寺は、造営開始から完成に至るまで約四十五年かかりました。その記録が『上宮聖徳法王帝説《じょうぐうしょうとくほうおうていせつ》』という文書の裏書文書に「山田寺縁起」として残されていました（京都知恩院《ちおんいん》に残された平安時代の写本［国宝］の裏書き）[1]。山田寺の完成までの過程を、その時代の政治のダイナミズムと重ね合わせると、とても面白いのです。

「山田寺縁起」に書かれている内容と、同時進行していた政治の世界を並べて表にしてみました（表2）。

山田寺は、蘇我倉山田石川麻呂《そがのくらのやまだのいしかわまろ》が発願《ほつがん》しましたが、大化五年（六四九）に石川麻呂は讒言《ざんげん》によって自殺に追いやられました（図36）。その後、孫娘である持統《じとう》天皇によってようやく完成したのです。

多くの寺院や神社には「縁起《えんぎ》」といって、その寺社が創建されたいきさつを記した文書や、場合によっては絵巻が残されています。多くは、有名な僧や人物の奇譚《きたん》をベースにしたまゆつばな話が多いのですが、この「山田寺縁起」は、年次ごとに淡々と建立までのいきさつが書かれています。『日本古代史事典』によると、

図36　蘇我倉山田石川麻呂の墓と伝える仏陀寺古墳

表2　「山田寺縁起」による建立までと政治事件

年（西暦）		山田寺縁起の記述	政治的な事件
舒明天皇十三年	(641)	蘇我倉山田石川麻呂造営開始	
皇極天皇二年	(643)	金堂建立	上宮王家（聖徳太子家）滅亡
皇極天皇四年	(645)		乙巳の変（蘇我本家滅亡）
大化元年	(645)		大化改新始まる
大化四年	(648)	僧が住み始める	
大化五年	(649)		石川麻呂讒言で自殺
白雉五年	(654)		孝徳天皇没
斉明天皇元年	(655)		皇極天皇重祚
斉明天皇四年	(658)		有間皇子の変
天智天皇元年	(662)	塔の造営開始	
天智天皇二年	(663)		白村江の戦いで日本軍大敗
天智天皇六年	(667)		近江大津宮へ遷都
天武天皇元年	(672)		壬申の乱
天武天皇二年	(673)	立柱、舎利を納める	
天武天皇五年	(676)	露盤が上がる	
天武天皇七年	(678)	丈六仏鋳造開始	
天武天皇十三年	(684)		八色の姓制定
天武天皇十四年	(685)	丈六仏開眼	
天武天皇十五年	(686)		天武天皇没

大化の右大臣蘇我倉山田石川麻呂が創立した寺院。奈良県桜井市山田に所在し、法号は浄土寺。山田寺の造営過程は『上宮聖徳法王帝説』裏書に詳しい。すなわち、舒明一三年（六四一）地を平し、皇極二年（六四三）金堂を建て、大化四年（六四八）始めて僧が住み、同五年（六四九）大臣（石川麻呂）害に遭う。天智二年（六六三）塔を構え、天武二年（六七三）塔の心柱を建てて舎利を納め、同五年露盤を上げ、同七年（六七八）丈六仏像を鋳造、同一四年（六八五）仏眼を点じたというもので、飛鳥～白鳳期の寺院でこれほどまでに造営の経過を知られるものはない。

とあります[2]。

奈良が大好きの人ならご存知でしょうが、興福寺の国宝館にある端正な青年を思わせるような仏頭は、もともと山田寺の丈六仏像《じょうろくぶつぞう》だったのです（図37）。興福寺は治承四年（一一八〇年）の平重衡《たいらのしげひら》の焼き打ちに遭って伽藍《がらん》のほとんどを

図37　興福寺の仏頭

焼失しました。その後の再建の過程で同寺の東金堂の焼けた本尊の代わりとして当時荒廃していた山田寺の薬師三尊像に目をつけ、一一八七年（文治三年）興福寺の僧が山田寺の薬師三尊像を移して興福寺の東金堂の本尊としたとのことです。ところが、一四一一年（応永一八年）に東金堂は落雷の火災で、この仏像の胴体が失われ、頭部だけ残り、須弥座《しゅみざ》の下に置かれていたのが、一九三七年（昭和一二年）に興福寺の東金堂の修理中に発見されたのです。

　山田寺の建立と同じく、山田寺の丈六仏さんも数奇な運命をたどったようです。

　さて、第一文書である『上宮聖徳法王帝説』は、いわゆる聖徳太子（厩戸皇子《うまやどのおうじ》）の伝記を記したものです。太子没後五〇年位経ったときに書かれたものとみられ、聖徳太子が後代に太子信仰の中で伝説化してゆく前の記録として、貴重な史料です(3)。

　『上宮聖徳法王帝説』の裏書きには、表書きの文書に関連することも書かれていますが、この「山田寺縁起」は、聖徳太子と関わりのないやや異質な文書です。よく知られているように、聖徳太子は仏教の興隆に大きな役割を果たしたと認識されていますので、『上宮聖徳法王帝説』の裏に、山田寺の建立までのいきさつを記録してあるということは、表裏でなにか仏教的な因縁を求めているのではないかと思われます。

　山田寺跡では、一九八三年に東面回廊の連子窓《れんじまど》が倒壊した状態で発掘され、大きな話題となりました。山田寺の発掘の様子や往時の姿は、奈良文化財研究所飛鳥資料館で見ることができます(4)。

参考資料

（1）花山、家永校訳『上宮聖徳法王帝説』岩波書店、一九九七年
（2）江波、上田、佐伯監修『日本古代史事典』大和書房、一九九三年
（3）中田編『上宮聖徳法王帝説』勉誠社、一九八一年
（4）奈良文化財研究所飛鳥資料館カタログ『山田寺』一九九七年

第24話 反故紙を使うと功徳がある

『日本霊異記《りょういき》』は略称で、もともとは『日本国現報善悪霊異記《げんぽうぜんあく》』という平安時代初期（八二二年頃）に編集された上、中、下の三巻からなる仏教説話集です[1]。因果応報の物語が、ほぼ時代順に百十六話収められています。撰者は、集の冒頭に「諾楽《なら》の右京の薬師寺の沙門《しゃもん》、景戒録《きょうかいしる》す」とあります（図38）。

『日本霊異記』の巻下第三十八「災《さい》と善との表相先《ま》ず現れて、後に其《そ》の災と善との答《とう》を被《かがふ》る縁」に次のような話が載っています。僧になったが俗生活を送っている景戒《きょうかい》は、貧乏暮らしをしていました。眠っているとき、夢の中で、沙彌鏡日《しゃみきょうにち》という乞食が現れました。景戒は、米を半升ほど乞者《こつしゃ》に施したところ、乞者は書を出して景戒に与え、

> 此の書を写し取れ。人を度《ど》するに勝《すぐ》れたる書ぞ、といふ。景戒見れば、言《こと》の如く能《よ》き書、諸教要集なり。爰《ここ》に景戒愁へて、紙無きを何《いか》にせむ、といふ。乞者の沙彌、又本垢《ほぐ》を出し、景戒に授けて言はく、斯《こ》れに写さむかな。我、他処に往き、乞食して還り来らむ、といふ。然して札《みふだ》に并せて書を置きて去る。

とあります。

すなわち、乞者はお米のお礼に、人を救い導く良い書だといって諸教要集《しょきょうようしゅう》を写し取りなさいと言ったが、景戒が紙がないと返事したところ、反故紙をだして、自分が別の処へ乞食に行って帰ってくるまでに、写しておきなさいと言って去ったということです。

図38　僧景戒のいた薬師寺

この後に、

本垢を出すとは、過去の時、本《もと》善種子《しゅうじ》の菩提有りて、覆われて久しく形を現はさ不《ず》、善法を修するに由り、後に得応《うべ》きが故なり。

とあります。日本古典文学大系本では、本垢を出す（反故紙を使う）とは、元々善の素因である仏性があっても、表面には現れてこないが、善を積むことによって、後に菩提を得るようになることだ、との訳注があります[1]。

この部分は、私にはよく意味がわからないのですが、九世紀の初めにおいて、反故紙を使うという行為が、単に紙が不足しているから裏に経を写すということにとどまらず、仏教的な善を積むことでもあると説いていると知ることのできる貴重な文であると思われます。

『和名類聚抄《わみょうるいじゅしょう》』巻十三文書具百七十三「反故」の項に、「斉春秋云沈麟士雲禎少清貧以反故写書数千巻」とあります[2]。すなわち、「斉《せい》の春秋に云《いわ》く、沈麟士《しんりんし》雲禎《うんてい》少《わか》きとき清貧にして、反故を以って数千巻を写書す」と訓読できますが、この中国文献の記載が、『日本霊異記』の物語に何らかの影響を与えていたかもしれません。

参考資料
（1）遠藤、春日校注『日本古典文学大系　日本霊異記』岩波書店、一九八二年
（2）中田祝夫編『和名類聚抄』勉誠社、一九八七年

第25話　道長さんはアイデアマン

国宝で「白描《はくびょう》絵《え》料紙《りょうし》金光明経《こんこうみょうきょう》」という難しい名称のついた史料が京都国立博物館にあります(1)。

後白河法皇（一一二七～九二年）が絵巻の制作を意図されましたが、下絵のみが描かれた（この下絵を白描絵という）未完成の段階で、建久三年（一一九二）三月十三日崩御されました。その年の四月一日に法皇の菩提を弔うために、下絵のみが描かれた法皇ゆかりの料紙に、金光明経という経典を書写し完成させたものが「白描絵料紙金光明経」です。これは、反故紙といえないかもしれませんが、用途を失った紙を再利用し、経を書写したという意味で、「還魂紙」に近い思考でできあがったものでしょう。

下絵に描かれた人物にはまだ目鼻がなかったので、俗に「目無経《めなしきょう》」とも呼ばれています。

後白河法皇よりも約百五十年ほど前に、大変な権力を持っていたのが藤原道長《ふじわらのみちなが》（九六六～一〇二七年）です。藤原道長といえば、中・高校の教科書にも登場する著名な人物です。

> 藤原道長　ふじわらのみちなが　九六六～一〇二七　平安中期の政治家。御堂関白ともいう。兼家の子。伊周《これちか》ら一族間の勢力争いに勝って政権を握る。上東門院彰子《しょうし》ら四人の娘は一条・三条・後一条・後朱雀四天皇の妃となって後一条・後朱雀・後冷泉三天皇を生み、外戚として権勢ならぶものなく、摂政・関白たること二一年、摂関政治の最盛期を現出した。また法成寺《ほうじょうじ》を建てた。

と手元の歴史辞典にあります(2)。

藤原道長は御堂関白とも呼ばれたので、彼の日記は『御堂関白記《みどうかんぱくき》』と呼ばれています(3)。

『御堂関白記』は、具注暦《ぐちゅうれき》と呼ばれる暦の余白に、日々のできごとを書き込んだものです（図39）。これは、今日の日記帳に似ていて、このように暦に日々のできごとを書き残すという風は、以降鎌倉初期まで公家の間で流行したようです。

暦を日記にして使うということは、道長が始めたというわけでもないようで、正倉院に残る天平十八年（七四六）二月七日から三月二十九日までの暦にも十箇所にわたって書き込みがあるとのことです[4]。なかなかのアイデアだと思われませんか。今日でもそうですが、中世では不用になった暦の裏面は、盛んに利用されました。ちなみに、私の名刺は月々に不用になったカレンダーの裏を再利用し、パソコンで印刷したものです。

図39 「御堂関白記」

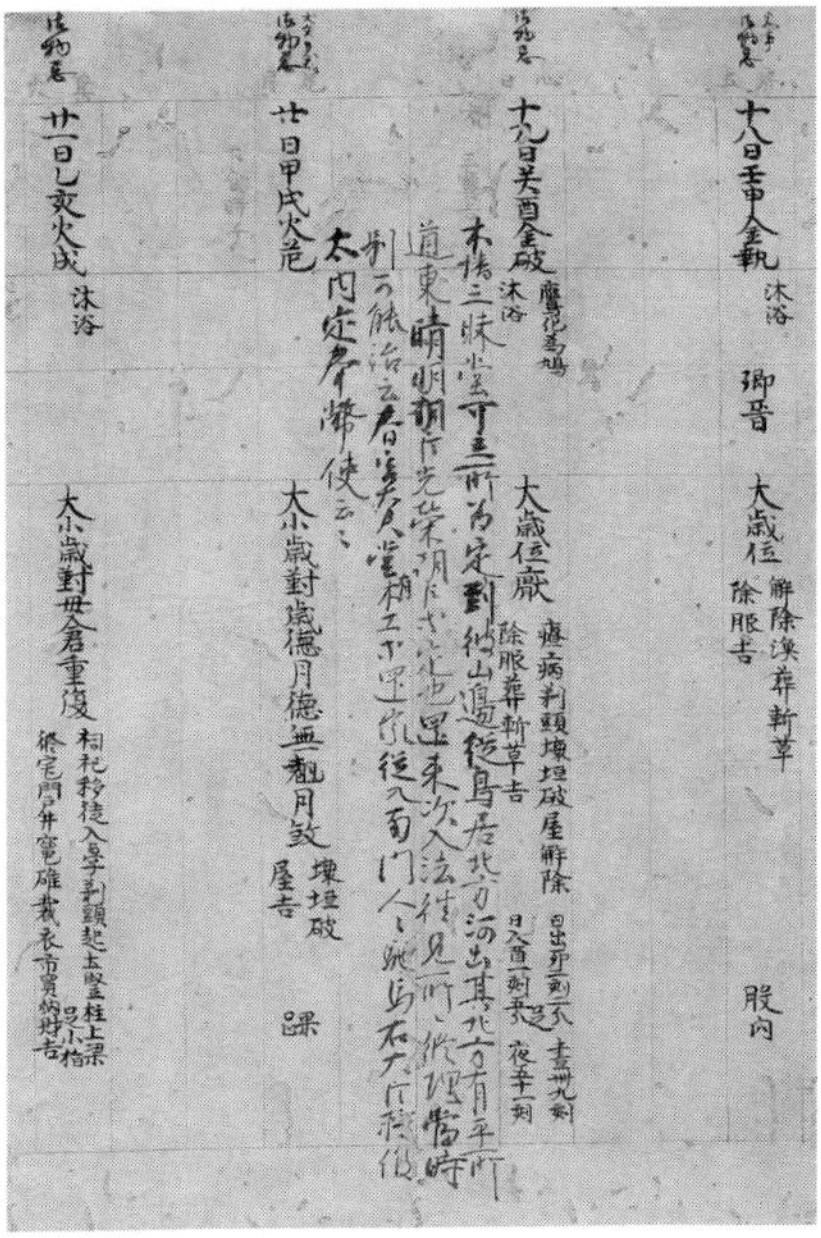

参考資料

（1） http://www.kyohaku.go.jp/（京都国立博物館）
（2） 小葉田ら編『日本史辞典』泰西社、一九五九年
（3） 『陽明叢書記録文書篇一「御堂関白記」』全五冊、思文閣出版、一九八三―一九八四年
（4） 平川南『よみがえる古代文書』岩波書店、一九九四年

第四章　モノを包む

第26話

紙の使い方の知恵が忘れられてきている

私が生まれ育った京都では、私の少年であった頃（一九五〇年代）、年に一度「大掃除《おおそうじ》」という行事がありました。決められた天気の良い日に、町内中で家の畳をあげ、屋外に出して日光乾燥します。畳をあげた床に新聞紙を敷き、その上にナフタリンやＤＤＴなどの防虫剤をまいて、畳を敷きなおすのです。一家あげての大変な仕事でした。畳の下に敷いてあった前年の新聞を読んで、こんなこともあったかと面白がっていて、仕事がはかどらないと親に怒られたのも楽しい想い出です。

掃除といえば、古新聞を水に濡らして小さくちぎり、ほこり掃除に再利用することもありました。汚れてしまって使えなくなった紙は、乾燥して〝焚付《たきつけ》〟にしました。〝たきつけ〟といっても、ガスや電気で簡単に熱エネルギーを得られるようになった現代の若い人には、わかる方も少なくなってきたことでしょう。薪《まき》（木）や炭に火をつけるには、いきなりマッチやライターで火をつけても燃え上がりません。最初に乾燥した紙を丸めて〝たきつけ〟とし、次に枯葉や小枝に、そしてその上で薪や炭に火を移すというようにするのです。

第二次世界大戦後、日本がまだ高度成長期に入らない一九六〇年（昭和三十五年）頃まで、日常必需品の買い物は、魚屋、八百屋、乾物屋、荒物屋、豆腐屋、菓子屋、雑貨屋などのお店に行っていました。買った品物は、袋様にした古新聞に包んでもらって持ち帰ったものです。また、お中元やお歳暮などは美しい包装紙で包まれていましたから、丁寧に剥がしてしまって置いておいたものです。到来物《とうらいもの》（いただきもの）などがあると、取り置いてあった包装紙に包んで、ご近所に少しずつおすそ分けしたものでした。

私が子どもの頃は、おもちゃなども十分ではない時代で、新聞紙を利用した折り紙でかぶとやてっぽうを作って遊んでいました。当時も野球（少人数で遊べる三角ベース）が人気でした。折り紙でグラブを作ったり、ビー玉を芯にしてくしゃくしゃにした紙をたこ糸でしっかり巻き古布を縫い合わせてボールを作って遊んだものです。

筆者の記憶にあるほんの最近でも、右のように紙を再利用していました。ましてや、紙が貴重品であった古代において、その特性を生かした紙の再利用があったことは想像に難くありません。

有田良雄氏は、正倉院文書などとして一部が残されている当時の写経用の紙の消費量を六〇年間で約七九トンであったと推算されています[1]。平均すると一年に一・三トン（一三〇〇キログラム）です。ちなみに現代の日本人は、平均すると一人あたり約二五〇キログラムの紙を消費していますから、奈良時代の写経に消費した量は、私たちが一年に消費する量の六人分にも満たなかったということです。

紙は貴重なモノであったといわれていますが、現代の価格にすればいくらくらいだったのでしょうか。

奈良時代の記録では普通の白紙二枚が一文だったそうです[2]。そのころ、一文で米が六升買えたとか。もっとも律令時代の一升は現在の四合か六合（時代によって違う）に相当するということですから[3]、一文で現在の二・四升か三・六升に相当します。現在米は五キログラム（およそ三・三升、一升はおよそ一・八リットル）がおよそ二〇〇〇円位ですから、紙一枚が七〇〇円から一〇〇〇円したという計算になります。確かにずいぶん高価であったということがわかります。

京都では、結婚などのお祝いを頂戴したときには、とりあえずのお返しとして〝お多芽《ため》〟と称して、いただいたお祝いの約一割の金額に半紙を半帖《はんじょう》添えました（図40）。お多芽の由来についてははっきりし

図40　お祝い返しに添える「お多芽」

たことはわからないようですが、「重箱などに菓子を入れて、贈り物（お祝い）として頂いたときに、『この重箱をきれいに洗ってお返しします』という意味をこめて、重箱に半紙や懐紙《かいし》を入れて返した」という説もあります[4]。私は、紙が極めて貴重であった時代には、ハレの場で紙が贈答品の対象となった名残ではないかと思います。

ここまでは、故紙を利用して紙を漉き返したり、余白を利用して文書を書くことをご紹介してきましたが、紙にはさまざまな特性があります。その特性を利用した故紙の利用についてもご紹介していきましょう。

参考資料

（1）有田良雄「日本の紙の話［古代］（四）写経（その1）」『紙パルプ技術タイムス』三三頁、一九九三年三月号、テックタイムス社
（2）福島久幸「紙から見た金泥書」日本・紙アカデミー『日本・紙アカデミーニュース』二〇〇〇年二三号
（3）小泉編著『単位の歴史辞典』柏書房、一九九〇年
（4）http://www.mizuhikiya.com/howto/yui-otame.html

第27話

聖なる赤色を包む

弥生時代や古墳時代の墳墓の墓室が発掘されると、内部にあざやかな赤色が施されていることは珍しいことではありません。墓室に赤色が用いられる場合、多くはベンガラ（酸化鉄）ですが、埋葬者の頭部にあたる部位などには水銀朱（硫化水銀）が散布されている例が多いようです(1)。

弥生時代の祭祀に使われたであろう土器や、古墳を飾る埴輪には、赤色を施したり、赤色に発色するよう工夫がなされているものが多くあります。

古代においては、赤色は聖なる色として、邪を避け、再生を意味するものとして尊ばれ、オマツリの場に用いられていたようです。

時代が下って、六世紀後半から仏教寺院が建立されるようになりますが、その外観は赤や緑や青で彩られていました。今日でも、寺院や神社の建築にその伝統を見ることができます。

大仏で有名な奈良東大寺に「丹裏《たんか》古文書」というものが残されています。裏はつつむという意味です。不用になった文書紙を利用して、赤色顔料を包んでおいたものが、今日まで残ったようです。文書の中には、天平年間の文書も残っているそうです(2)。

貴重な赤色顔料を、貴重な紙に包んでいた。それを取り扱っていた古代の僧侶の緊張した顔が目に浮かびます。なぜ赤色顔料を容器に入れずに、反故紙に包んでいたのでしょうか。

また、「丹裏古文書」に包まれた赤色顔料はどのような物質だったのでしょうか。

図41　復元された上総国分尼寺

「丹裏古文書」について、杉本一樹氏は

（前略）勘籍《かんじゃく》とは、律令国家が下級職員を採用したり、出家を許可するさいに、過去五比（造籍五回分＝三十年）の戸籍を調べ素性を確かめるもので、正倉院には造東大寺司《ぞうとうだいじし》が写経に従事する経師《きょうし》を採用したときのが残っている。これは反古となった勘籍の用紙が、顔料の一種である丹《たん》（鉛丹《えんたん》。鉛の酸化物で、オレンジ色から褐色を呈し、彩色・朱書に用いられる）の包み（筆者注　丹裏古文書のこと）に用いられたため残ったもので、断片を除くと九通を数える。（後略）

と述べられています[3]。この報告からみると、丹裏古文書に包まれた赤色顔料は、鉛丹だったようです。

杉本氏は、同じ書で、正倉院文書の朱印には、水銀朱、ベンガラ、鉛丹いずれも認められると書いておられます。

千葉県市原市にある上総国分尼寺《かずさこくぶんにじ》址では、往時の姿を復元していますが、建築材料や工法もできるだけ古代の技法を採用しました。他の寺院址を含めた今日までの考古学的な知見では、古代寺院の建物に塗られていた赤色はベンガラ以外確認されていません。そこで上総国分尼寺の復元建築でも赤色はベンガラを使ったそうです。ちなみに緑は銅系の緑青《ろくしょう》です（図41）。

元来は、〝丹《に》〟はベンガラ（あるいはベニガラともいう）すなわち二酸化鉄（鉄さびの赤い部分）を、〝朱〟は水銀朱すなわち硫化水銀を指していたのですが、時代が下るにしたがい、ベンガラを朱といったり、水銀朱を丹といったり混乱しています。

赤色顔料を話題にしたついでに、『三国志』「魏書《ぎしょ》（魏志）東夷伝倭人条《とういでんわじんのじょう》」（いわゆる「魏志倭人伝《ぎしわじんでん》」）には、邪馬台国の卑弥呼が魏に朝貢した時に、その返礼に「汝《なんじ》の好物」として、鉛丹（酸化鉛）を贈られたと書かれています[4]。ただし、今のところ鉛丹は、焼失した奈良法隆寺の壁画などでは見出されましたが、飛鳥時代以前に使用された証拠はありません。

鉛丹を用いたかあるいは副葬した三世紀中頃の墓が見つかれば、それは卑弥呼の墓かもしれません。鉛丹は後に光明丹《こうみょうたん》とも呼ばれました。

参考資料
（1）市毛勲『朱の考古学』雄山閣、一九九八年
（2）松山鐵夫、東大寺文化講演会資料「東大寺大仏の鋳造とその後の歴史」一九九四年五月二七日、東京
（3）杉本一樹『日本古代文書の研究』吉川弘文館、二〇〇一年
（4）石原編訳『魏志倭人伝・後漢書倭伝・宋書倭国伝・隋書倭国伝』岩波書店、一九九八年

第28話

包み紙は貴重な史料

モノを包む反故紙の例でも、正倉院の御物《ぎょぶつ》にはおもしろいものがいろいろとあります。正倉院にある銅製の鋺《かなまり》（元来は水、酒、食物などを入れる容器であったが、ここでは仏具の一種。六〜七世紀の古墳から出土することが多い。図42）を包んでいた紙は、八世紀前半頃の朝鮮半島を支配していた統一新羅（六六八〜九三五年）の行政文書の反故紙でした。[1] この文書は、新羅の中央官庁の役人が、地方からの貢進物を集計・記録した帳簿の控えの断片だそうです。馬の肉を加工してどこかへ送ったこと、馬の尾を汚してしまったことなどが読みとれるとのことです。

同じように、反故紙に包まれて新羅から将来されたものと考えられる正倉院御物に、新羅の反故紙に包まれたスプーン状の匙《さじ》（佐波《さは》理《り》製）が残っています。よく似たさじが、韓国慶州市雁鴨池《アナプチ》から出土しています（図43）。

雁鴨池は、新羅の王宮があった月城《ウォルソン》の東北に接したところにあります。雁鴨池では、一

図42　かなまり（群馬県観音山古墳出土）

図43　佐波理匙（韓国慶州市雁鴨池出土）

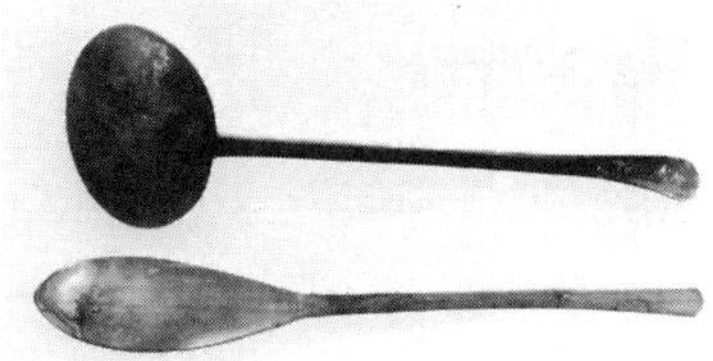

図44　韓国慶州雁鴨池

九七五～七六年にかけて発掘調査が行われ、苑地の詳細と建物配置が明らかにされました。現在はその建物の一部が復元され、公開されています（図44）。現在飛鳥で発掘が進んでいる飛鳥苑池遺跡(2)を見たとき、この雁鴨池に大変よく似ていると思いました。雁鴨池の発掘調査では、数万点に及ぶ遺物も出土しています。雁鴨池は、新羅が朝鮮半島を統一した記念に造営が始まり、完成後は外国使節などを招待して宴会を催した場所あるいは東宮（皇太子）宮殿の苑池と考えられています(3)。

佐波理とは、銅に錫《すず》・鉛を加えた合金で、黄白色をしていました。日本製ではなく朝鮮半島で作られたものといわれています。後ほど第三十二話で紹介させてもらう「買新羅物解《ばいしらぎぶつげ》」は、新羅からの物品の購入に関わる文書です。この匙や最初に紹介した鋺が購入品なのか贈答品なのかわかりませんが、贈答品なら反故紙に包むということはないでしょうから購入品ということでしょうか。

当時は、おそらく中身の鋺や匙の方が貴重だったに違いありませんが、今では包装した反故紙も大変貴重な史料になっています。特に韓国は日本より文字資料が少ないので大切な史料です。

参考資料

（1）韓炳三、ＮＨＫ人間大学テキスト『韓国の古代文化』一九九五年
（2）橿原考古学研究所編『飛鳥京跡苑池遺構調査概要』二〇〇二年
（3）森監修、東、田中編著『韓国の古代遺跡一　新羅篇（慶州）』中央公論社、一九八八年

第29話

反故紙とともに葬られる

二〇〇二年は、日本と中国の間の国交が正常化して三〇周年にあたりました。これを記念して、東京国立博物館と大阪歴史博物館において特別展「シルクロード―絹と黄金の道―」が開催されました。「シルクロード」と大きな名がうたわれていましたが、要はシルクロードの中心地である中国新疆《しんきょう》ウイグル自治区のウルムチとトルファンにおける発掘の成果を展示したものでした。

ここでちょっと回り道をします。

古代の墓には、いろいろなものが副葬されます。例えば、青銅器です。青銅器は、実用の金属器として歴史上重要な位置を占めています。実用上の金属製品が鉄製に代わった後も、明器《めいき》（墓に副葬するための品）として、特に日本においては青銅製の鏡類が多く埋納されました。青銅鏡埋納の意味付けには、多くの考えが提出されていますが、そのひとつとして、青銅は再生が容易であり、魂の再生と結びつけたとする考えがあります(1)。

神仙思想あるいは道教においては、朱（硫化水銀）が重用されます。赤色が血液の色をイメージさせるので、生命力を表しているという考えもありますが、水銀は化学変化によって見た目の形態変化をし、ある処理をすると再び元の水銀に戻ります。水銀の本質が循環再生していると考えられる故に重用されるという考え(2)は魅力的です。青銅や水銀のような物質は、何らかの操作を加えれば再び元の形態に戻ることから、魂があるとの考えが生まれたのではないでしょうか。

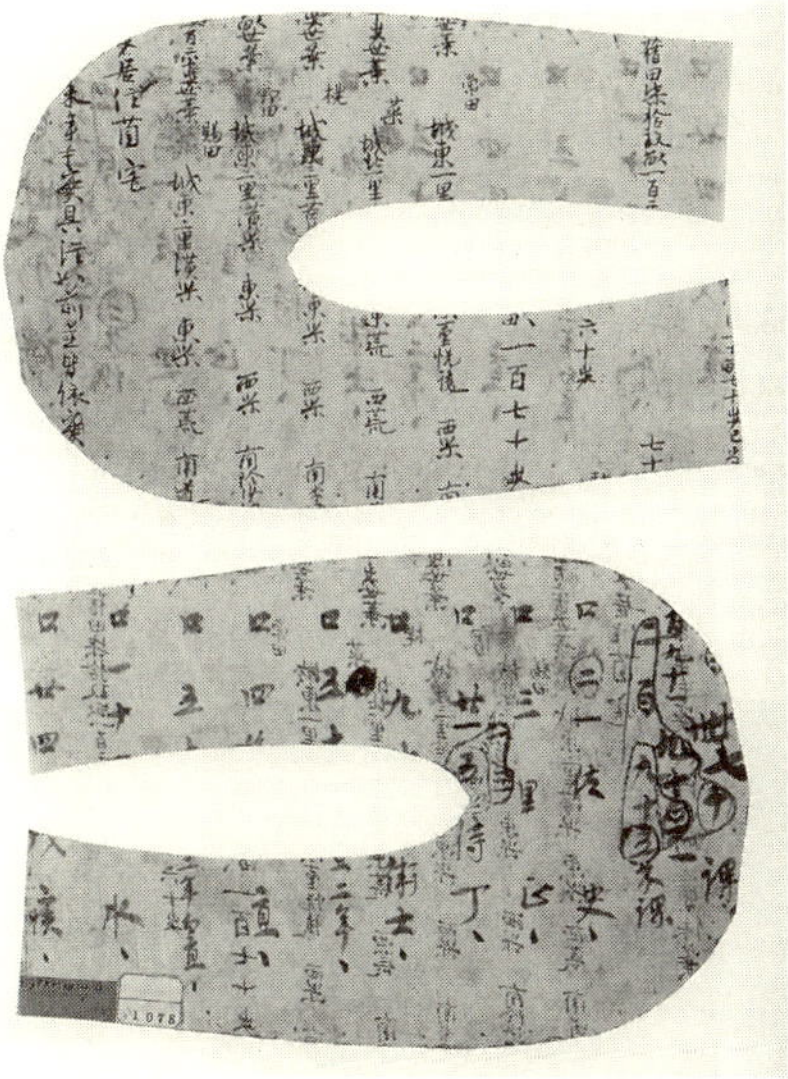

図45　反故紙で作られた靴（中国・アスターナ古墓）

さて、「青銅の再生」と「魂の再生」を結びつけるという仮説を提出された考古学者の菅谷文則氏はその著書『日本人と鏡』で、トルファンのアスターナ墓地では反故紙を用いて製作した三世紀から八世紀の俑《よう》や紙棺が出土していると紹介されています。[1]

私はこの紹介例を受けて、「青銅や水銀と同様に、反故紙も再生できる＝還魂という考えがあったのではないだろうか」という考えを紹介したことがあります。[3]

今回の「シルクロード」展では、トルファンのアスターナ古墓から出土した死者のために作られた反故紙の靴が二点展示されていました（図45、これをよく見ると裏文字が見えます。第二十一話で紹介した紙背文書です）。

展示図録では、

> 古くから多くの民族が参集したトゥルファンの地においては、反故紙を用いて死者の服飾品を作る風習があった。すなわち不要となった紙を裁断し、冠・枕・帯・靴や、死体の覆い、あるいは棺などに再利用したのである。そのためトゥルファンのアスターナ・カラホージョ古墓群からは、官用・私用を問わず、多岐にわたる豊富な内容の文書が出土し、多方面に貴重な資料を提供している。

と解説されています。[4]

私の考えは、当時の人は紙を再生（漉き返し）できることを知っていたとの前提に立っているのですが、といって私自身はこの時代に中国で紙が再生されていたかどうかは確認していません。再生紙が存在しないとすれば、このアスターナ古墓に埋納された副葬品での反故紙の利用については、別の意味を考えなくてはいけないと思っています。

参考資料
（1）菅谷文則『日本人と鏡』同朋舎、一九九一年
（2）大形徹『不老不死』講談社、一九九二年
（3）岡田英三郎「くわんこんし―古代・中世における紙のリサイクリング―」橿原考古学研究所友史会『かしこうけん友史』No.4、一九九八年
（4）日中国交正常化三〇周年記念特別展図録『シルクロード―絹と黄金の道―』東京国立博物館ほか、二〇〇二年

第30話

浮き出た文字

―漆紙文書―

紙でモノを包むということと少し違った意味になりますが、紙でモノを保護するという意味で、ここで漆紙文書《うるしがみもんじょ》について書かせてもらいます。漆紙文書については、その一端を、すでにプロローグで紹介しました。

漆は、縄文時代から使われており、今日なお実用されている素材です。

漆を使う作業を中断する時には、土師器《はじき》や須恵器《すえき》の器に入れた使用途中の漆を、ちりやほこりなどから保護しておくために、反故紙を落し蓋のようにして使いました(図46)。紙はふつう地中においては生分解して消滅し易いのですが、漆が浸透しているために保護膜となり、紙の分解が困難になったことで、発掘によって見い出されています。発掘された漆紙文書の多くが円形をしているのは、器の口の形がそのまま残っているからです(図47)。

漆紙文書は奈良時代の官衙《かんが》(国庁《こくちょう》、郡衙《ぐんが》などの役所)や官衙の工房と考えられる遺跡から発見されます。漆紙文書の中には、年号の読み取れるものがあり、例えば、宝亀《ほうき》二年(七七一)の奈良

図46　反故紙による漆の保護(イメージ)

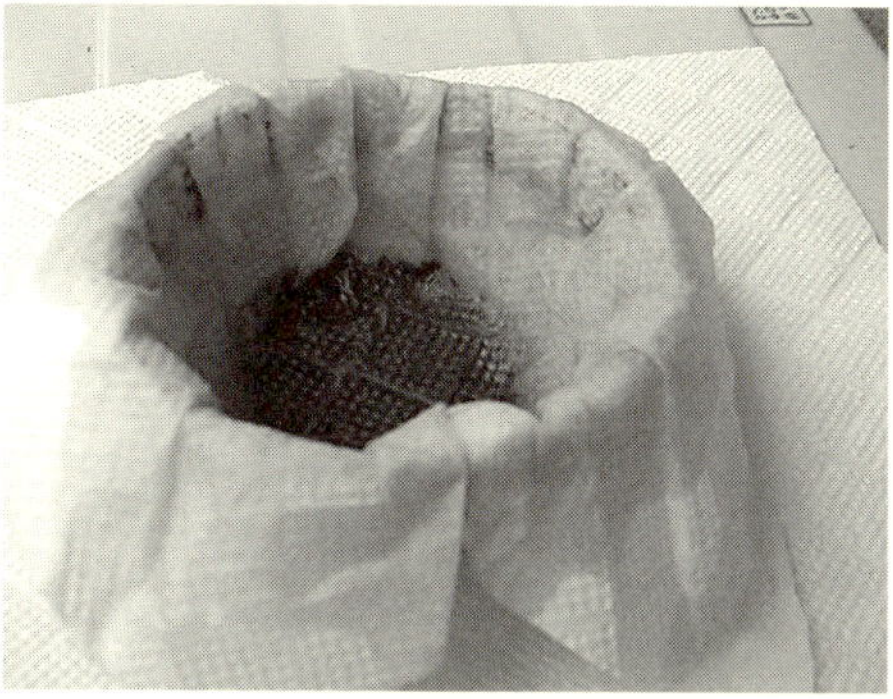

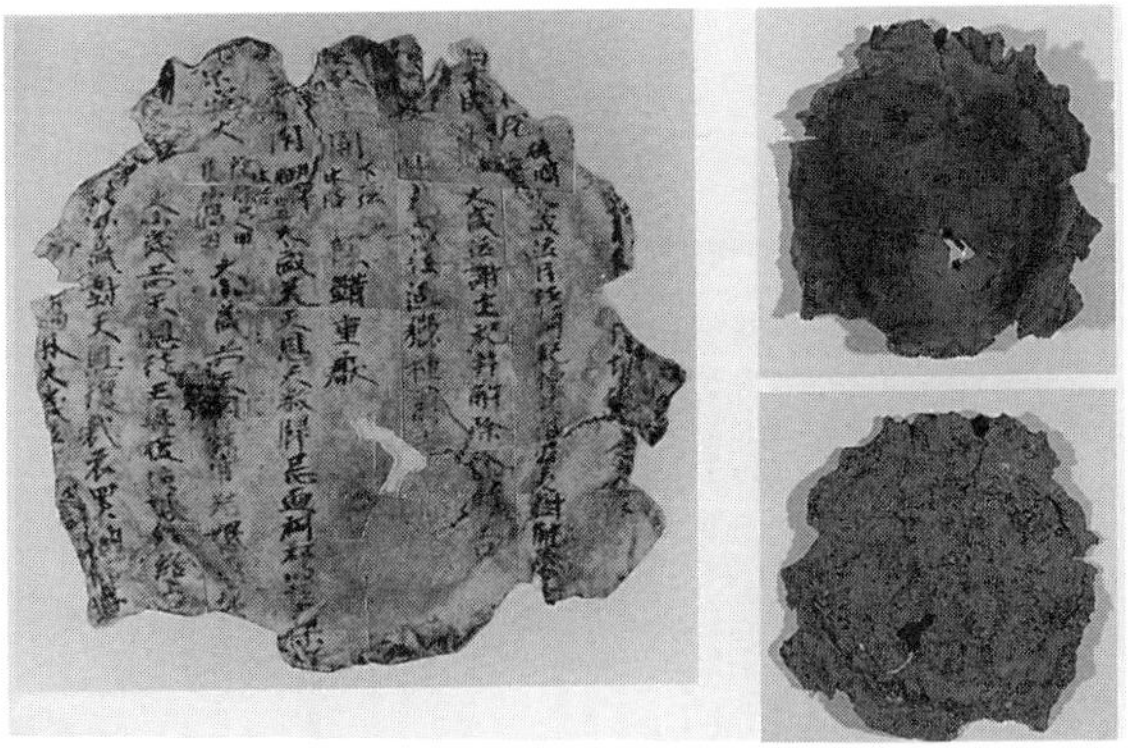

図47　漆紙文書の赤外線撮影による検出（右は出土品の外観）

県平城京跡、延暦九年（七九〇）の栃木県下野《しもつけ》国府跡、宝亀二年（七七一）の宮城県多賀城[1]遺跡などから出土したものなどが古い例でしょう。

漆紙文書については、平川南氏の集積、研究があります[2][3]。この研究においては、漆に対する考察はされていますが、残念ながら、紙そのものへは言及されていません。これは、漆紙文書には紙を構成するセルロースが残っていなかったせいかもしれません。古墳の発掘現場で、盾や靫《ゆぎ》（矢を入れる道具）が出土しますが、漆部だけが残存していて、木部が残っていないことが多いようです。奈良県立橿原考古学研究所の今津節生氏のご教示によると、福井県鳥浜《とりはま》遺跡においてアンギンが残っていた例や、青森県三内丸山遺跡において植物繊維で作った袋状のもの（縄文ポシェット）が残っていた例の場合は無酸素状態でパックされていたため、セルロース繊維が残存している可能性はあるが、漆紙文書のような例は、「確認していないがセルロース繊維は残存していないのではないか」とのことでした。

漆紙文書は発掘されたときに文字が見えるということはほとんどありません。もちろん土が付いていることもありますが、墨が漆に被覆されていることもあります。これを赤外線撮影すると、見事に墨の部分が浮かび上がってきます（図47）。

図48　馬の絵を描いた紙背漆紙文書（埼玉県東の上遺跡出土）

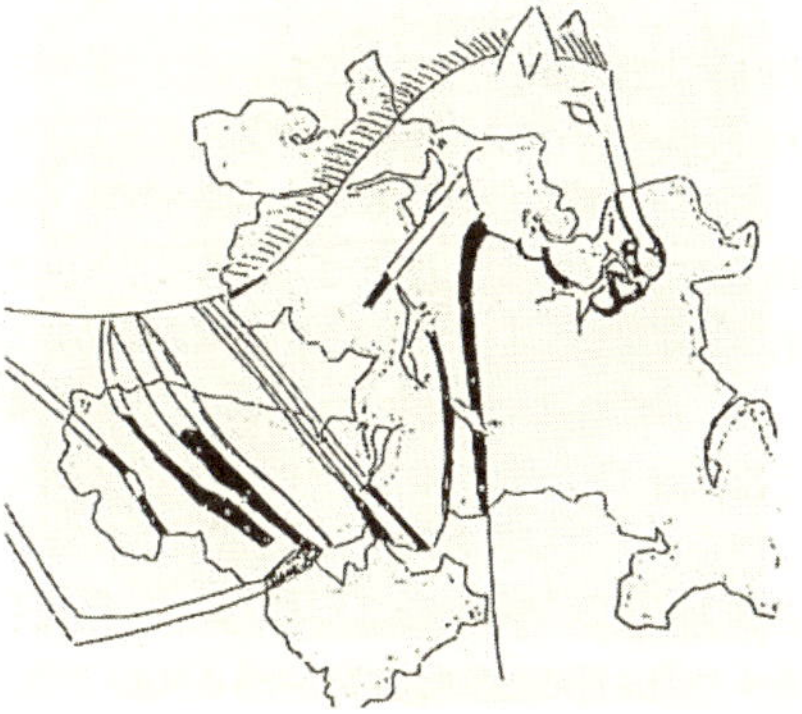

どのような僅《わず》かな文字であっても、文字資料の少ない古代にあっては、この「漆紙文書」や「木簡《もっかん》」「墨書土器《ぼくしょどき》」「文字瓦《もじがわら》」などの文字資料は貴重な史料です。これらの材料に墨で書かれた文字の多くは、赤外線撮影によってよみがえってきます。漆は、私たちにすばらしい史料を残してくれました。

漆紙文書の多くは紙背文書です。紙背文書の多くは文書の裏にまた文書を書きつけたものです。ここで紹介させていただくのは、一九九三年に埼玉県所沢市東《あずま》の上《うえ》遺跡から出土した紙背文書で、漆紙文書です。第一文書には当時の暦（具注暦《ぐちゅうれき》）が書かれていますが、その裏には馬の絵が描かれていたものです(4)（図48）。

東の上遺跡は、奈良および平安時代を中心とした集落の跡ですが、東山道武蔵路（東山道と東海道を結び途中に武蔵国府がある）と推定される幅十二メートルの道路も発見されました。この漆紙文書が発見された辺りは、地理的な条件や発掘された遺物の内容から、古代の駅家《うまや》のような公的な施設があったと推定されています。そこで、多くの研究者は、当時の役人が用なしになった暦の裏に手慰みに馬の絵（戯画）を描いたのだろうと推測しています(5)。

参考資料

（1）東北歴史資料館カタログ『多賀城と古代東北』一九八六年

（2）平川南『漆紙文書の研究』吉川弘文館、一九八九年
（3）平川南『よみがえる古代文書』岩波書店、一九九四年
（4）飯田充晴「埼玉県東の上遺跡の道路遺構」『季刊　考古学』第四六号、雄山閣、一九九四年
（5）埼玉県立博物館企画展『最近出土品展　さいたま地中からのメッセージ』一九九五年

第五章

補強する

第31話

横紙は破れない

「横紙破り」というコトバがあります。国語辞典には「物事を無理に押し通すことをいう」とありますが、もともとは、紙を漉き目の方向に従って裂くと裂けないことはないが、漉き目に逆らって（横方向に）は裂けないことからきています。

和紙は、物理的に極めて強靭な性質を持っています。例えば、履《は》き物《もの》にすると、わらじより三倍近く長い距離が歩けたといいます。紙の衣料は紙衣《かみこ》（紙子）と呼ばれ、和紙の持つ特性を生かして早く平安時代には用いられていたようです(1)。近世の例ですが、上杉謙信が着用していたと伝える、紙衣製陣羽織では、経糸には絹を使い、古文書を撚《よ》ってつくった紙糸を織り込んであったということです(2)。どのような文書を使ったのでしょうか。

和紙のこの強靭さは、紙を構成するセルロース繊維の長さのせいです。

これからはちょっと技術的な話となりま

図49　木材の構造と紙の原料となる部位

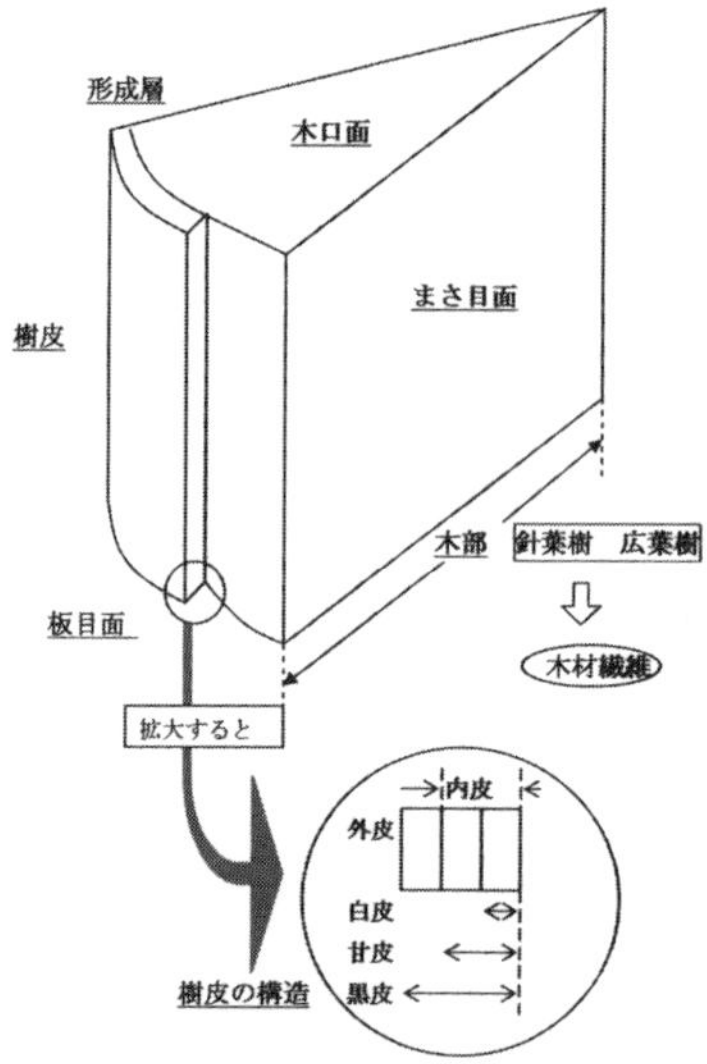

コウゾ、ミツマタ、ガンピの樹皮は和紙の原料
針葉樹、広葉樹の木部は洋紙の原料

図50　紙原料に使う植物繊維の長さ

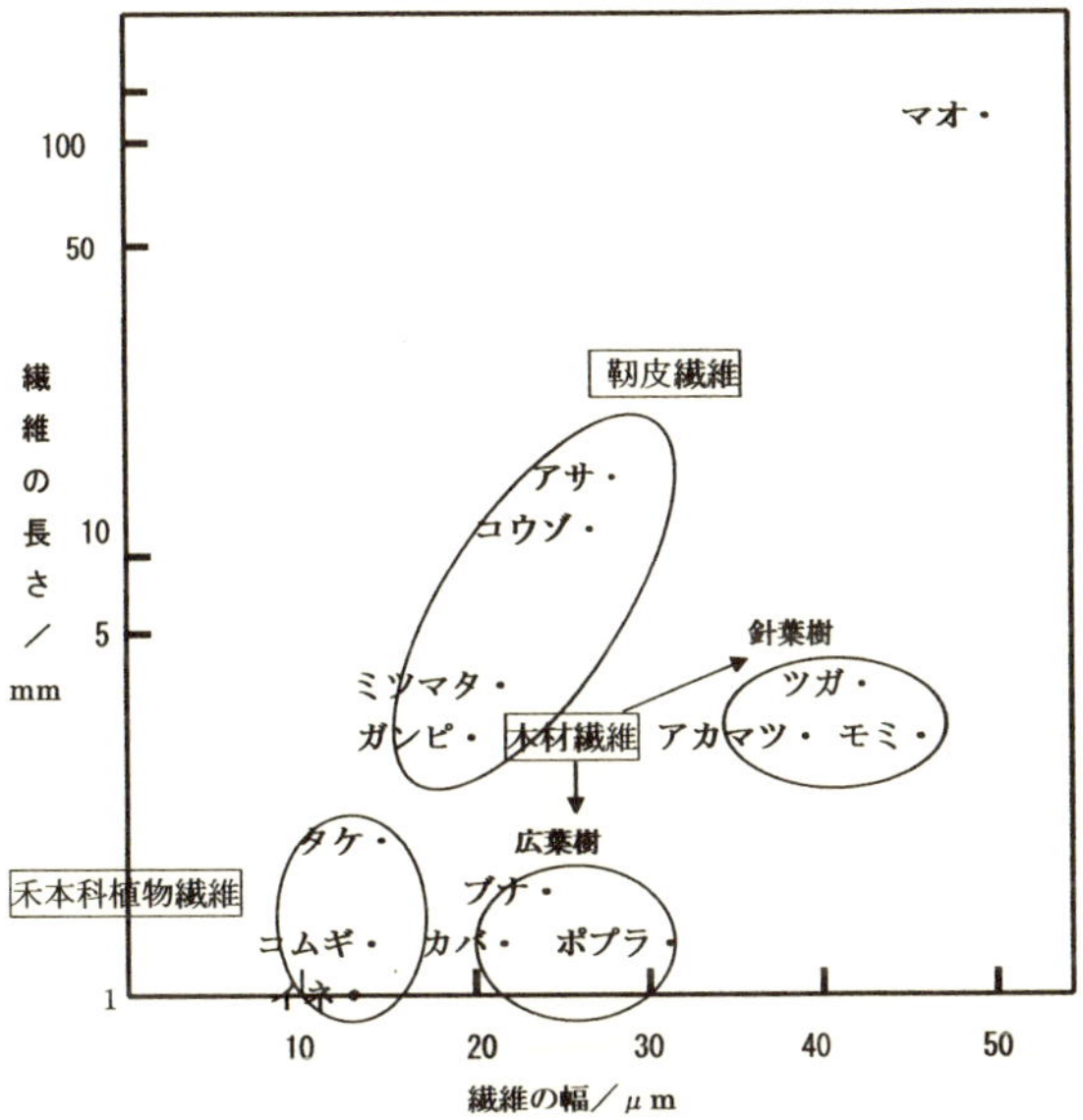

（長さと幅は平均値を示している）

すので、わからないところがあれば飛ばしていただいて結構です。左記をお読みいただくと、技術的に見て、なぜ和紙がすばらしい性質をもっているかがおわかりいただけます。

今日私たちが見ている紙の大部分は洋紙といい、近代的な設備で大量生産されています。それまで生産されていたいわゆる和紙とは、原料がまったく違っています。和紙は原初、麻類を使用していましたが、やがて楮《こうぞ》、雁皮《がんぴ》、三椏《みつまた》などの木材の樹皮部が使用されるようになりました。一方洋紙では、木質部を利用します（図49）。紙は和紙でも洋紙でも、植物にふくまれるセルロース繊維を利用して作られることは同じですが、一本の繊維長において、和紙と洋紙では全く異なります（図50）。和紙の原料の楮では、一本の繊維長が約九ミリメートル、雁皮・三椏では約三〜四ミリメートルであるのに対し、洋紙の原料である針葉樹パルプでは約三ミリメートル、広葉樹パルプでは約二ミリメートルにすぎません。[3] さらに技術的な問題にたちいりますが、抄紙時の作業性および紙としてできあがった時の性質を決定する重要な要素のひとつに、単に繊維長だけでなく繊維幅との比率（一本の繊維長÷幅、これをアスペクト比という）が重要となります。図50から計算しますと、和紙の原料である楮のアスペクト比は三六〇、雁皮・三椏はそれぞれ一六〇、二〇〇です。一方、洋紙の原料である針葉樹のツガ・アカマツ・モミでは九～七、広葉樹のブナ・カバ・ポプラでは六～五であることが読み取れます。わかり易くいえば、和紙のセルロース繊維は、髪の毛のように細くながいのですが、洋紙のセルロース繊維はもっとずんぐりむっくりした形をしているということです。[4]

アスペクト比の大きい和紙の原料繊維は、水中ではからんでダンゴ状になり易く、平面的に一様に分散させることが難しいのです。この高アスペクト比の繊維長を持つパルプ原料を使いこなしたところに、和紙の素晴らしさがあるといってよいでしょう。紙の製造法が日本に伝わったころは、わざわざ繊維（多くは麻）を短く切って使っていました。「溜漉《ためすき》」といってセルロース繊維を懸濁《けんだく》した液を網の上に入れてそのまま脱水する方法でしたが、おそらく奈良時代の末頃に、「流し漉き」といって、漉き網（簀《すのこ》）の上にセルロース繊維を残しつつ、網からの脱水とともに、余剰水を網から投げ捨てる技術が開発されました。そしてセルロース繊維の水中での分散を容易にするためには、〝タモ〟と呼ばれるトロロアオイの根汁を用いるとよいことが発見されたようです。

とろろあおい（『紙漉重宝記』から）

トロロアオイは中国原産のアオイ科の一年草です。高さは一メートルあまり。八月から九月にかけて、薄い黄色の清楚な花をつけます。根の粘液が〝タモ〟（ねり＝糊料）として用いられるほか、漢方では外皮を取り除いた根は「黄蜀葵根《おうしょくきこん》」と呼ばれて薬用に供されます。

本書は、和紙の製造法を述べるのが目的ではありませんので、ご興味をお持ちの方は他書をご参考ください(5)。

以下では、この和紙の強靭な性質を利用した例のいくつかをご紹介します。

トロロアオイの花

参考資料

(1) 富士市立博物館図録『紙の衣料』一九八三年
(2) 市立市川歴史博物館図録『紙』一九八七年
(3) 稲葉政満「和紙の文化と科学」『現代化学』五〇頁、一九九四年四月号
(4) 岡田英三郎「くわんこんし―古代・中世における紙のリサイクリング―」橿原考古学研究所友史会『かしこうけん友史』No.4、一九九八年
(5) 加藤晴治『和紙』産業図書、一九五八年/丹下哲夫『手漉和紙の出来るまで』一九七八年/中島今吉『最新和紙手漉法』丸善、一九四六年など多数

第32話

美人を支える反故紙

和紙はその強靭な物理的性能を利用して、いろいろなモノの補強に使われています。

補強の目的での利用法でも古い事例は、正倉院の御物の中に見出されます。

正倉院は毎年十一月に、奈良国立博物館で「正倉院展」を開催しています。平成十一年（一九九九）に開催された第五一回の正倉院展の目玉は、「鳥毛立女屏風《とりげりつじょのびょうぶ》」六扇でした（図51）。「鳥毛立女屏風」は、教科書でも学ぶほど著名な天平美術を代表する作品です。近年、「鳥毛立女屏風」の修理が行われ、その下貼りに、天平勝宝四年（七五二）六月の日付のある古文書が利用されていたことが明らかになりました。

「鳥毛立女屏風」の下貼り文書は、「買新羅物解《ばいしらぎぶつげ》」と呼ばれる文書群に含まれます（「正倉院文書　続修後集第四十三巻(1)」）。東野治之氏の研究によると、買新羅物解は、金泰廉らが入京中の時期に作成されたようです。購入したい新羅の物品の種類・値段のリストで、貴族の家政機関から大蔵省または内蔵寮《くらりょう》に提出されたと考えられています。品目には、香料・薬物・顔料・染料・金属・器物・調度その他があり、中でも金および東南アジア・インド・アラビア産の香料や薬物が多数含まれているということです。金は東大寺の大仏の鍍金《ときん》用に求めたものだそうです(2)。

さらに、舞楽の装束のひとつ「緋《ひ》絁《あしぎぬ》鳥兜《とりかぶと》」の裏張りに、天平勝宝九年（七五七）の年号が記された反故紙が利用されていたといいます(3)。

第二十八話で紹介した鋺《かなまり》や佐《さ》波《は》理《り》匙《さじ》が、この買新羅物解に記載されており、さらにその値段までが付記されているともっとおもしろいのですが……。

参考資料
（1）宮内庁正倉院事務所編『正倉院古文書影印集成　十　続修後集　巻二三〜四三』八木書店、一九九六年
（2）東野治之『正倉院文書と木簡の研究』塙書房、一九八三年
（3）木下良『国府』教育社、一九八八年

図51 「鳥毛立女屏風」

第33話

古い襖は歴史資料の宝箱

最近のふすま（襖）は、木枠にせいぜい一枚紙を下張りしてふすま紙を貼るか、合板の上に直接もよう紙を貼る程度のものが増えてきました。しかし、古来のふすまは何重にも反故紙や漉き返し紙を下張りに使いました。その技術的な意味について、私は調べていませんが、恐らくふすまのそりや収縮を防ぐための工夫であったのだろうと推測しています。

古社寺や古い民家の修理時に、ふすまが対象となると、下張りが注意深く扱われます。下張りとして利用された当時の不用文書が発見され、新しい歴史資料を提供してくれることがしばしばだからです。

近世の例ですが、網野善彦氏は、奥能登の上時国家《かみときくにけ》の調査において、

> 本来、田畠などの不動産に関する文書は大切に保存されますが、それ以外の文書は破棄されてしまうのがふつうです。動産関係の文書の多くは捨てられてしまいますが、たまたま襖の下張りに使われたために残ったのが襖下張り文書です。

と、上時国家での下張り文書を紹介されています(1)。

ここで網野氏が述べられているようなことは、現代の生活でもほとんど変わっていないのではないでしょうか。私自身の日常生活を振り返っても、不動産の証書などは大切に保存していますが、領収書などは日時が過ぎてしまえばすぐに捨ててしまいます。昔の人はそれを捨てずに再利用していたのです。

私たちは日常目にしていたものは何でも、後の世の人にも伝わるだろうと思い込んでいるところがあ

図52　裏千家咄々斎反故襖

るのではないでしょうか。日常的に使っているものは、いつでも入手できると思って捨ててしまいますが、長い時間のスパンでみると、意外とそのような日常性の部分が歴史の再構築の際に穴があいているということがあります。陶磁器などでも、高価であったものは少々破損していても残っていますが、日用雑器の安物は捨てられてしまい、文献では窯《かま》名がわかっているのに、実際の焼き物が残っていないということがあります。

ふすまが出てきたついでに京都裏千家今日庵《こんにちあん》茶室のひとつ、十一代玄々斎精中《げんげんさいせいちゅう》（一八一〇―一八七七）が安政二年（一八五五）に作った咄々斎《とつとつさい》という茶室について紹介しておきます。咄々斎の次の間《ま》（部屋）が大炉《だいろ》の間であり、その間のふすまが「反古襖《ほごぶすま》」とよばれています（図52）。裏千家のホームページによると、

> 咄々斎の次の間が六畳になっている大炉の間です。「大炉は一尺八寸四方四畳半左切が本法なり。但し、六畳の席よろし」と玄々斎の規定した通り、その範を示しています。大炉は厳寒の候のみ開炉して用いるのです。咄々斎と大炉の間の取合の襖は、安政三年辰夏の判のある玄々斎精中直筆反古襖で、半間襖四枚に、十二段にわたって茶道具や点前作法、利休道歌が書かれています。

とあります。(2)「反古襖」と名づけられていますが、反故紙を使った

ということではなく、自らの書をはばかって、反故と称したようです。

そういえば、古書蹟や裂《きれ》を、掛け軸に仕立てたり屏風仕立てにしたりするのも、立派なリサイクルかもしれません。

茶室の腰壁に反故紙を張ることは結構あるようで、表千家点雪堂内にある反故張《ほごば》りの席（江戸末期ころ）、京都西翁院にある淀看《よどみ》の席などが知られています。『茶道旧聞録』には、「四畳半の茶席は真の席であるから反故張りをしてはいけない」など、茶室の腰壁に反故紙を張る場合の注意なども記されているそうです[3]。

図53　反故の暦を腰紙に使ってある「如庵」

また、愛知県犬山市にある有楽苑《うらくえん》の中に、如庵《じょあん》という国宝に指定された茶室があります。如庵は、京都の建仁寺正伝院内に、信長の弟であった織田有楽斎《うらくさい》が建てたもので、のちに現在地に移されました。この茶室の腰紙には、古い暦が用いられています（図53）。腰張《こしばり》に暦を使ったのが有楽斎であったかどうかはわからないようですが、有楽斎は秀吉から天正十三年（一五八五）二月二十四日の大阪城山里《やまさと》（本丸内に造られた庭園）での茶会によばれており、よばれた山里の二畳の茶室には「カベ暦ハリ」と『茶湯秘抄《ちゃのゆひしょう》』に記されていることから、有楽斎が茶室に暦を貼ってあるのを見て、自分もそのアイデアを採用したとも考えられています。

ということは、茶室に反故紙を使うというアイデアは、秀吉か秀吉の周りにいた人の発案ということになるのでしょうか。大阪城には秀吉が考えた「黄金の茶室」が復元展示されています。反故紙を腰紙に使った茶室も黄金の茶室も秀吉のアイデアということであれば、その両極端の発想に驚かされます。

茶室では反故紙が、そのまま腰紙として用いられていましたが、「腰紙」に漉き返し紙を用いることがあったことを知ったのは笹沢琢自氏の『日本の古紙』ででした(4)。腰紙といっても、部屋の装飾にクロス貼や板貼を多用している現在では、特に若い方にはぴんとこないでしょう（図54）。

和室の壁の仕上げに砂壁・京壁・漆喰壁《しっくいかべ》（これらでさえ現在の建築ではクロス貼の見せかけ品が多い）などに、装飾と壁の保護を兼ねて、たたみ面から高さ一尺（約三〇・三三センチメートル）位の紙を張り付けます。この腰紙には、漉き返し紙が用いられていたということです。

その歴史的な変遷は、調査していないので私には不明ですが、紙の性能の面から推測すると、漉き返しのやり方次第では、紙の腰を弱くし、厚み感をもたせることができますので、張り付けたときに砂壁などの表面の凹凸に対する接着適応性がよいせいではないかと思っています。

図54　腰紙

参考資料

（1）網野善彦、NHK人間大学テキスト『日本史再考』一九九六年
（2）http://www.urasenke.or.jp/textc/chashitu/fusuma.html（裏千家）
（3）重森三玲『茶室茶庭事典』誠文堂新光社、一九七三年
（4）笹沢琢自『日本の古紙―紙の生産流通と再生循環の構造―』私家本、一九九五年

第34話

大発見は壁画だけではない

一九九一年から発掘調査が進められていた、鳥取県淀江町《よどえちょう》にある上淀廃寺《かみよどはいじ》において、金堂の壁に極彩色の絵が描かれていることが発見され話題になりました（図55[1]）。

一九九八年、東京において「古代日本の文字世界」というシンポジウムが開かれましたが、その中で考古学者の水野正好氏は

私も一言。私はいま、鳥取県淀江町の上淀廃寺金堂の壁画を検討しているのですが、奈良国立文化財研究所の沢田政昭さんの調査では、この壁画をかいた壁土中には沢山の紙が切り込まれているといいます。顕微鏡でみるとよく判ります。この寺の創建年代は六八三年前後です。（後略）

と発言されています[2]。

これは、〃すさ〃という使い方だと思われます。さっそく国語辞典の〃すさ〃の項をひいてみました。

すさ【苆・寸莎】壁土に混ぜてひび割れを防ぐ繊維質

図55　鳥取県上淀廃寺発見の壁画

の材料。壁土のつなぎにする。荒壁には藁《わら》を刻んだわらすさ、上塗りには麻、また紙などをふのりの汁にまぜたあさすさ、あるいはかみすさを用いる。かべすさ。つた。すた。

とありました。[3]

すると上淀廃寺の場合は、上塗りの「かみすさ」だった可能性が出てきます。

かみすさは、紙の強い強度を利用したひび割れ防止が目的だったのでしょうが、寺院の壁ということを考えると、お経を書いた料紙を使ったのではないかとも考えたいのですが、勘繰り過ぎでしょうか。

私たちアマチュアの考古学大好きは、「おもしろいものが出たな」で終わりですが、研究者は、派手なところだけでなく地道な研究をされているのだと感心したことでした。

参考資料

（1）淀江町教育委員会編『上淀廃寺と彩色壁画概報』吉川弘文館、一九九二年
（2）平川編『古代日本の文字世界』大修館書店、二〇〇〇年
（3）日本大辞典刊行会編『日本国語大辞典　第十一巻』小学館、一九七四年

エピローグ
「古紙」と「故紙」

私が古紙に関わる仕事を始めた頃、「古紙」と「故紙」はどう違うのかという質問を受けました。私自身、常々抱いていた疑問でしたので、何人かの人に聞いてみましたが、はかばかしい答は得られませんでした。

現在では、「古紙」と「故紙」は同じ意味で用いられ、字画の少ない「古紙」が通用しているようです。『日本国語大辞典』によると、「古紙」・「故紙」は同じ項で扱われ、「古い紙。古い不用になった紙。」と説明されています。[1] 笹沢琢自氏は、私家本の著書『日本の古紙』に、「古紙」は「生産年代を遠く遡る紙すなわち ancient paper」であり、「故紙」は「一度使い終えた紙すなわち waste paper」であると書かれています。[2] しかし、私の調べた国語辞典のいずれにも、このような定義分けはありませんでした。

私たちは、亡き人を「故人」とは書きますが、決して「古人」とは書きませんし、古い時代を「古代」と書いても、決して「故代」とは書きません。現在でも「古」と「故」を使い分けているのです。

そこで、「古」と「故」の字義について調べてみました（図56）。白川静氏の『字統』によれば、「古」は、十と口から成っており、口は祝禱《しゅくとう》（神に告げていのること）の際に用いる器の形𠙵（サイ）を表し、この中に祝禱の詞を入れ、その器の上に聖器の干《たて》を置いたことによるとありました。[3] しかし、これではどうして〝ふるい〟という意味が出てくるのかわかりません。『字統』では「古は固閉されている祝禱の意

図56　漢字”故”と”古”の成り立ち

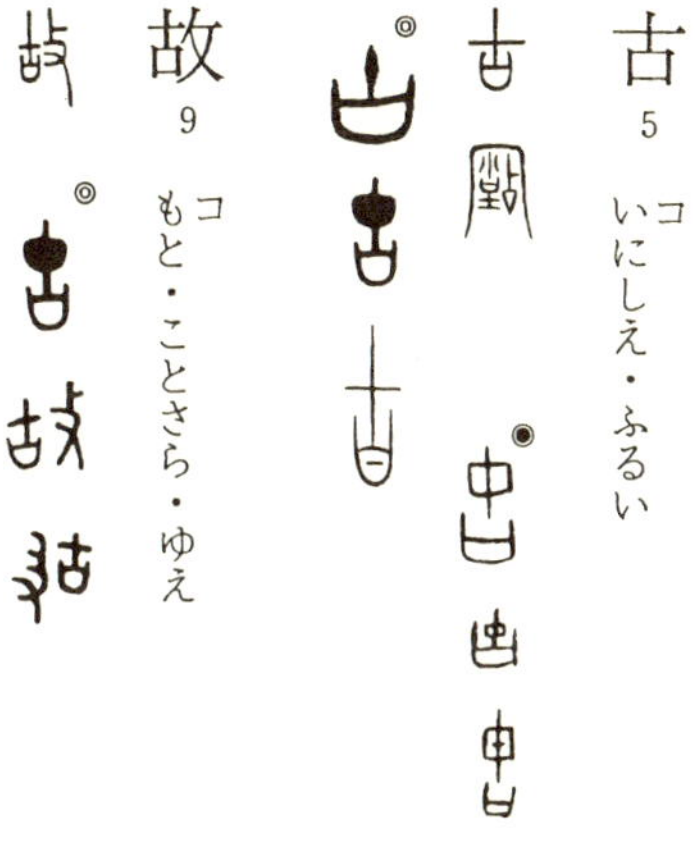

であるが、重要な事案についてなされる祝禱は、先例として典故・規範として遵用されるものであ」るから、"ふるい"という意味をおびてくるとの説明でした。

さらに『字統』によれば、古に攴（攵ボク、筆者注　棒やむちなどで打つ意）を加えると、「故」となり、その呪能を害しようとする行為を表すこととなる。したがって、「故」は事故を意味し、そのことを正当化する理由を意味するとあります。さらに「故」の意味のなかには、「古」の意味も含まれているということです[3]。もう少しわかりやすくいえば、「故」は「もとのまま」という義を表しているといえるということです（知人T氏に教示されました）。だから「もとの状態」と「いまの状態」が同じであるという意味の、置き換えの接続語として「故（ゆえ）」にが用いられるということでしょうか。

すなわち、「古紙」は「ふるいかみ」であり、「故紙」は「もとのままのかみ」となります。この解釈を採用すると、先に紹介した笹沢氏の見解に近いものとなります。

私の調べた狭い範囲では、日本の古文献には「故紙（あるいは反故紙、反故）」は見えますが、「古紙」は見えないようです。したがって、古くは「故紙」を使っていたが、近年にいたって、意味はほとんど変わらずに、音が同じで字画の少ない「古紙」が多用されるようになったというのが、あたらずとも遠からぬ説明のようです。

ついでに「紙」という字は、糸（きいと）の意を表すと、音の氏（シ、なめらかの意）からなり

紙 10

シ
かみ

図57　漢字"紙"の成り立ち

ます（図57）。したがって、生糸で織った表面の滑らかな絹布の意味ですが、後漢の蔡倫が古布を舂《つ》いて漉いたものにも、「紙」という字をあてたので、今日までそのまま用いているとのことです(3)。

また白川静氏『字訓』によれば、「紙」を「かみ」と発音するのは、「簡」（かん、ばらばらの竹の札）の音からきていて、ｋａｎ↓ｋａｍ↓ｋａｍｉになったとしています(4)。

ちなみに、現在の北京語では「簡」はｊｉａｎ（じえン）と発音されています(5)。

参考資料

（1）日本大辞典刊行会編『日本国語大辞典　第八巻』小学館、一九七四年
（2）笹沢啄自『日本の古紙―紙の生産流通と再生循環の構造―』私家本、一九九五年
（3）白川静『字統』平凡社、一九八四年
（4）白川静『字訓』平凡社、一九八七年
（5）北京語言学院編『簡明漢日詞典』一九九三年

あとがき

私は、ある化学会社の研究職と開発職に従事していました。趣味として考古学や古代史を勉強していて、もう三〇年近くになります。

一九八八年頃から、仕事として古紙からインキを除いて再生紙を作るための脱墨剤という薬品を扱う仕事に従事することになり、このことを機縁として、財団法人古紙再生促進センターの技術委員を務めさせていただくことになりました。さらに、同センターから会報に寄稿するように求められ、古紙再生と生来好きな歴史を結びつけた随想を書かせていただきました。一回だけと思っていたのですが、その後「歴史にみる故紙の再利用」というテーマに関わる話題をいくつか見つけることができ、書き溜めておいては折々に投稿させていただきました。

私家本『くわんこんし』

二十世紀の終わりとともに退職したのを機に、十年間書き溜めておいた寄稿文などを寄せ集めて、二〇〇二年に私家本『くわんこんし 還魂紙—歴史にみる紙のリサイクル—』として出版し、お世話になった方々にお配りさせていただきました。

この私家本にも入れた論考「くわんこんし—古代・中世における紙のリサイクリング—」を、私が二十五年前からお世話になっている奈良県立橿原考古学研究所附属博物館友史会の冊子『かしこうけん友史』に掲載していただきました。[1] その稿が、たまたま考古学者森浩一先生（同志社大学名誉教授）の目にふれ、新聞で紹介していただいたり、[2] 中世史研究者として著名な網野善彦先生との対談でも話題として出していただきました。[3] このことは、アマチュアとして歴史の勉強をしていた私にとっては、望外の喜びであり、とても励みになりました。

私家本『くわんこんし』は、一〇年間という間に書いたものを寄せ集めただけなので、同じ内容が二度・三度と出てきたり、なによりも内容がやや硬いので、一般の方にも読んでいただきたいと思い、再構成したうえで全面的に書き改めて語り口調の〝史話〟にしたのが本書です。

最近、中高年で歴史に興味をもつ方が増えてきていることは、人生を豊かにするという意味でとてもよいことだと思います。史跡探訪（国外を含め）に多くの方が参加され、自分の知らなかった世界に触れることはとても楽しいことです。さらに、専門家の話を聞いたり、自分で書を紐解いて勉強を重ねてゆく方も多いことでしょう。しかし、私はさらに一歩突っ込んで、自分はこう考えるという意見が言えるようになれば、もっともっとすばらしい世界が広がってくるのではないかと思っています。

私は、自分がかつて主宰していた「総《ふさ》を歩く会」（千葉県の古代遺跡を探訪する会）や「古代東京お上りさん会」（東京都の古代遺跡を探訪する会）でのモットーを、「愉・学・躍」（愉しく学びさらに飛躍する）としたのも、右のような考えがあったからです。

このことは、歴史の勉強だけでなく、スポーツを趣味にしていても、植物を育てていても、ボランティア活動をしていても、あらゆることにいえるのではないでしょうか。

私のような立場で出版されたなかで、ねずてつや（小寺慶昭）さんの『狛犬事始《こまいぬことはじめ》』[4] は、私に勇気を与えてくれました。また最近では、中西久治さんの『南山城の遺跡』[5] にも感心しました。私の書は足元にも及びませんが、アマチュアで歴史を勉強しようとされる方のご参考になればと思います。

本書を成すにあたり、多くの一般書、雑誌、論文、図録、インターネット情報などを参考にさせていただきました。その一部については、参考資料として記載させていただきました。特に、寿岳文章『日本の紙』、笹沢琢自『日本の古紙―紙の生産流通と再生循環の構造―』、有田良雄「日本の紙の話」(『紙パルプ技術タイムス』に連載中)の三著作には大きな示唆を受けました。

寿岳氏の『日本の紙』は幸いにも一九八三年に復刻出版されました。笹沢氏の『日本の古紙』は私家本という性格上一般の方の目には触れにくいのですが、東京都北区の飛鳥山公園にある「紙の博物館」の図書室で閲覧できます。有田氏の著「日本の紙の話」については、一九九〇年二月号から一九九二年六月号まで同じ『紙パルプ技術タイムス』に掲載された「歴史と紙の役割」全二九回とともに大変啓発されました。『紙パルプ技術タイムス』は業界誌であるために、一般的ではないのですが、同じく紙の博物館の図書室や「国立国会図書館」(現在は関西館に移されている)で閲覧できます。

本書に盛られた内容の大部分は、私が趣味として何年も取り組んできたことの成果ですが、専門家からみれば、錯誤も多いかと思います。忌憚のないご指摘をいただければありがたく思います。

本書を成すにあたり、専門家のかたがた、趣味の会の仲間たち、友人、家族などひとりひとりのお名前を挙げることができないほど多くの方から、いろいろと有益な示唆を頂戴しました。ここに改めて感謝申し上げます。

世の中の考えというものは、年々少しずつ変化してゆくのでしょうが、私見では、戦後日本人の価値観が最も大きく変化したのは朝鮮戦争(一九五〇〜一九五三年)が契機だったのではないかと思います。朝鮮戦争後は、大量生産・大量消費が謳歌され、「モノを大切にする」ということを教えなくなりました。そして残念なことには、「モノを大切にしない」だけではなく、「心を大切にする」ことさえ放棄してしまったようです。

本書が「モノを大切にする」「心を大切にする」ことに少しでもお役に立てば幸いです。

二〇〇五年二月一日

京都下鴨の寓居にて　岡田　英三郎

参考資料

（1）岡田英三郎「くわんこんし―古代・中世における紙のリサイクリング―」『かしこうけん友史　四』四八頁、一九九八年
（2）京都新聞、一九九八年四月九日号
（3）森浩一、網野善彦『日本史への挑戦―「関東学」の創造をめざして―』一五九頁、大巧社、二〇〇〇年
（4）ねずてつや『狛犬事始』ナカニシヤ出版、一九九四年
（5）中西久治『南山城の遺跡』探究社、一九九六年

エコマーク
(財)日本環境協会が地球環境保護・保全に役立つ商品の利用促進を目的に認定

グリーンマーク
(財)古紙再生促進センターが古紙を再生利用した紙製品の使用拡大を推進するために認定

再生紙使用マーク
ごみ減量化推進国民会議が定めたマーク　数字は古紙配合率を表示

紙製品表示
リサイクルできる紙製品であることを示す

デザイン——山口愉起子
印字・組版——有限会社　ムック

《著者略歴》

岡田英三郎（おかだ・えいさぶろう）

1942年京都市生まれ、1966年京都大学農学部農芸化学科大学院修了、花王株式会社にて研究・開発に従事、2000年に出向先の社団法人日本化学工業協会を退職。在職中より、「総《ふさ》を歩く会（千葉県の古代遺跡を探訪する会）」や「古代東京お上りさん会（東京都の古代遺跡を探訪する会）」を主宰。現在　日本・紙アカデミー理事、橿原考古学研究所友史会会員、（NPO法人）東アジアの古代文化を考える会会員、明治大学博物館友の会会員、東北・関東前方後円墳研究会会員など。紙に関する著作として『紙と加工の薬品事典』（分担執筆・テックタイムス社）、『くわんこんし』（私家本）ほか論文多数。

平成17年2月25日　初版発行　　《検印省略》

紙は　よみがえる　―日本文化と紙のリサイクル―

著　者　岡田英三郎
発行者　宮田哲男
発行所　㈱雄山閣
〒102-0071　東京都千代田区富士見2-6-9
電話：03-3262-3231（代）　FAX：03-3262-6938
振替：00130-5-1685
http://yuzankaku.co.jp
印　刷　ヨシダ印刷株式会社
製　本　協栄製本株式会社

Printed in Japan
ISBN 4-639-01876-2　C0021

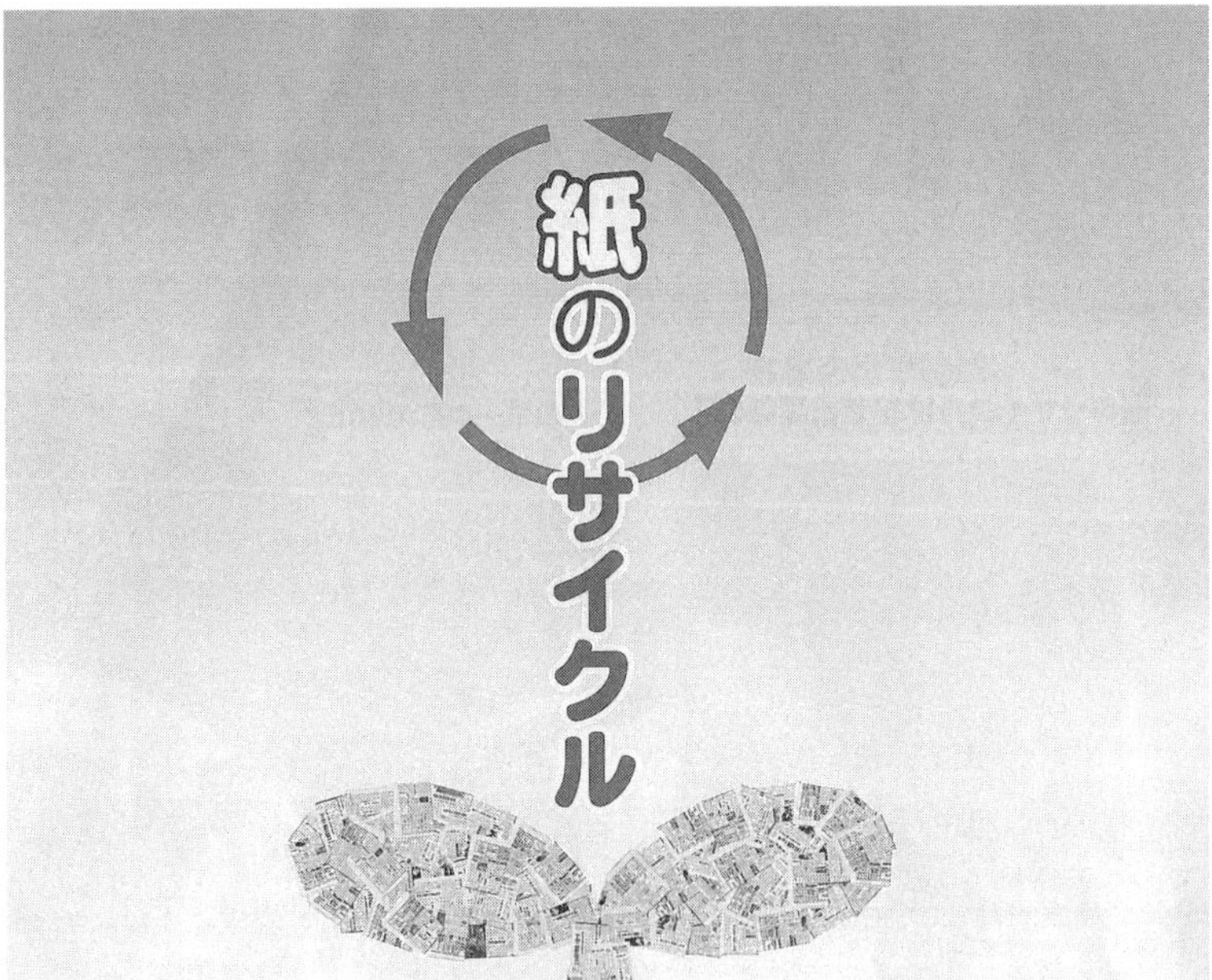

使い終わった紙「古紙」を集めて再生します。
そして古紙を再生利用した紙を使うこと、それが紙のリサイクルです。